Grundwissen Körperberechnungen – 6.–10. Klasse

Inhalt

Einführung

Würfel

Quader

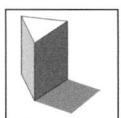

Prisma

Zylinder

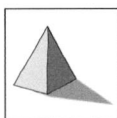

Pyramide

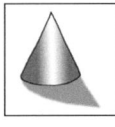

Kegel

Kugel

Formelsammlung

Lösungen

9783834426642

Körperformen kennenlernen

① Beschrifte die abgebildeten Körperformen.

Pyramide, Kegel, Prisma mit dreieckiger Grundfläche, Würfel, Zylinder, Kugel, Quader

❶

❷

❸

_____

_____

_____

❹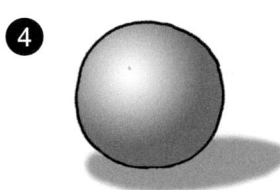

❺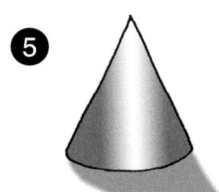

❻

❼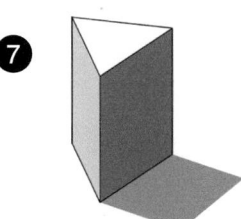

_____

_____

_____

_____

② Wo kommen die in Aufgabe 1 abgebildeten Körper im Alltag vor?
Schreibe zu jedem Körper drei Beispiele auf.

Pyramide: _____

Kegel: _____

Prisma: _____

Würfel: _____

Zylinder: _____

Kugel: _____

Quader: _____

① Trage die Anzahl der verwendeten Körperformen, die zum Bau des jeweiligen Fahrzeuges verwendet wurden, in die Tabelle ein.

Name des Körpers	Anzahl Lokomotive	Anzahl Walze
Würfel		
Quader		
Kugel		
Zylinder		
Pyramide		
Kegel		

② Wie heißen die Körperformen folgender Gegenstände? Beschrifte.

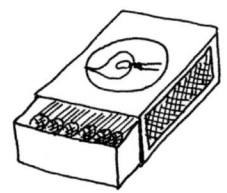      

_____   _____   _____

_____   _____

1 Schreibe die richtige Bezeichnung an jeden Körper.

Würfel, Kegel, Quader, Pyramide, Prisma, Zylinder, Kugel

❶

_____

❷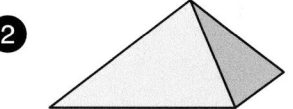

_____

❸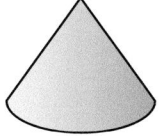

_____

❹

❺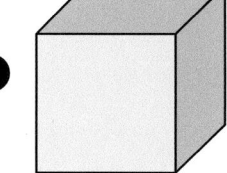

_____

❻

_____

❼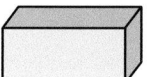

_____

❽

❾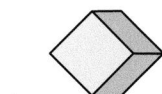

_____

❿

_____

⓫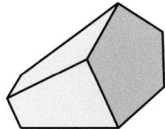

_____

⓬

_____

⓭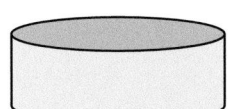

_____

⓮

_____

⓯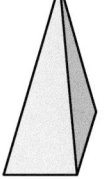

_____

⓰

_____

① Beschrifte die Teile des
   geometrischen Körpers.

   Kante, Ecke, Fläche

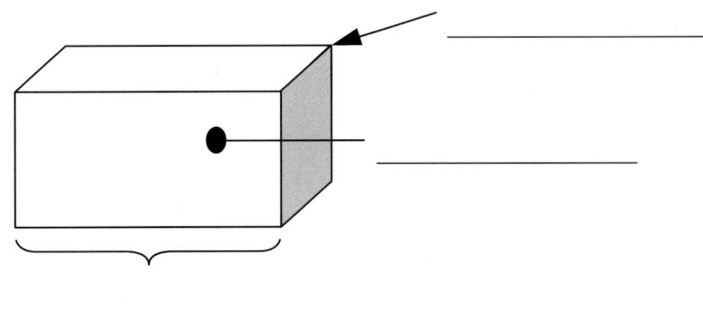

② Trage die gefragten Bezeichnungen und Eigenschaften der Körperformen in die Tabelle ein.

	Name	Anzahl der Ecken	Anzahl der Kanten	Anzahl der Flächen	Besonderheiten (z. B. der gegenüber- liegenden Flächen)

Marco Bettner/Erik Dinges: Grundwissen Körperberechnungen – 6.–10. Klasse
© Persen Verlag

1 Beschrifte die Körperformen.
Welche Eigenschaften besitzen sie? Kreuze das Richtige an.

Name des Körpers:							
1. Alle Flächen sind quadratisch.							
2. Alle Flächen sind rechteckig.							
3. Mindestens eine Fläche ist rechteckig.							
4. Mindestens eine Fläche ist dreieckig.							
5. Mindestens eine Fläche ist kreisförmig.							
6. Der Körper ist rund.							
7. Der Körper hat 8 Ecken.							
8. Der Körper hat 12 Kanten.							
9. Der Körper hat mindestens 6 Kanten.							
10. Der Körper hat mindestens 8 Kanten.							
11. Gegenüberliegende Seiten sind gleich groß.							
12. Mindestens 2 gegenüberliegende Seiten sind gleich groß.							
13. Der Körper hat mindestens 4 rechte Winkel.							

Tipp:

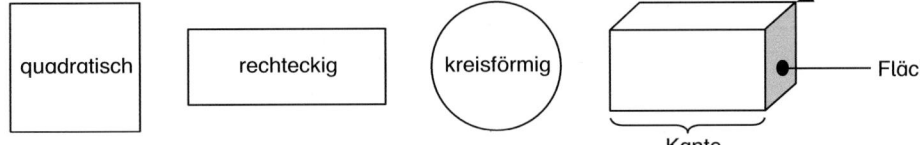

1 Beantworte folgende Fragen.

a) Der Körper hat 5 Flächen: 4 Dreiecke und 1 Viereck.

Wie heißt der Körper? _____

b) Der Körper besitzt 2 Kreisflächen und eine Rechtecksfläche.

Wie heißt der Körper? _____

c) Alle 6 Flächen des Körpers sind gleich große Quadrate.

Wie heißt der Körper? _____

d) Nenne drei Alltagsgegenstände, die die Form eines Kegels haben.

_____

e) Lege eine Kugel und einen Würfel auf ein Holzbrett. Hebe es an einer Seite hoch.

Was beobachtest du? _____

_____

f) An welchen Körperformen findet man immer (!) mindestens zwei Vierecke?

_____

g) Bei welchen Körperformen sind alle gegenüberliegenden Flächen gleich groß?

_____

h) Der Körper besteht aus 6 Flächen. Alle Flächen sind rechteckig. 2 Flächen sind immer

gleich groß. Wie heißt der Körper? _____

Schneide die Körperformen vorsichtig aus, falte diese und klebe sie zusammen.

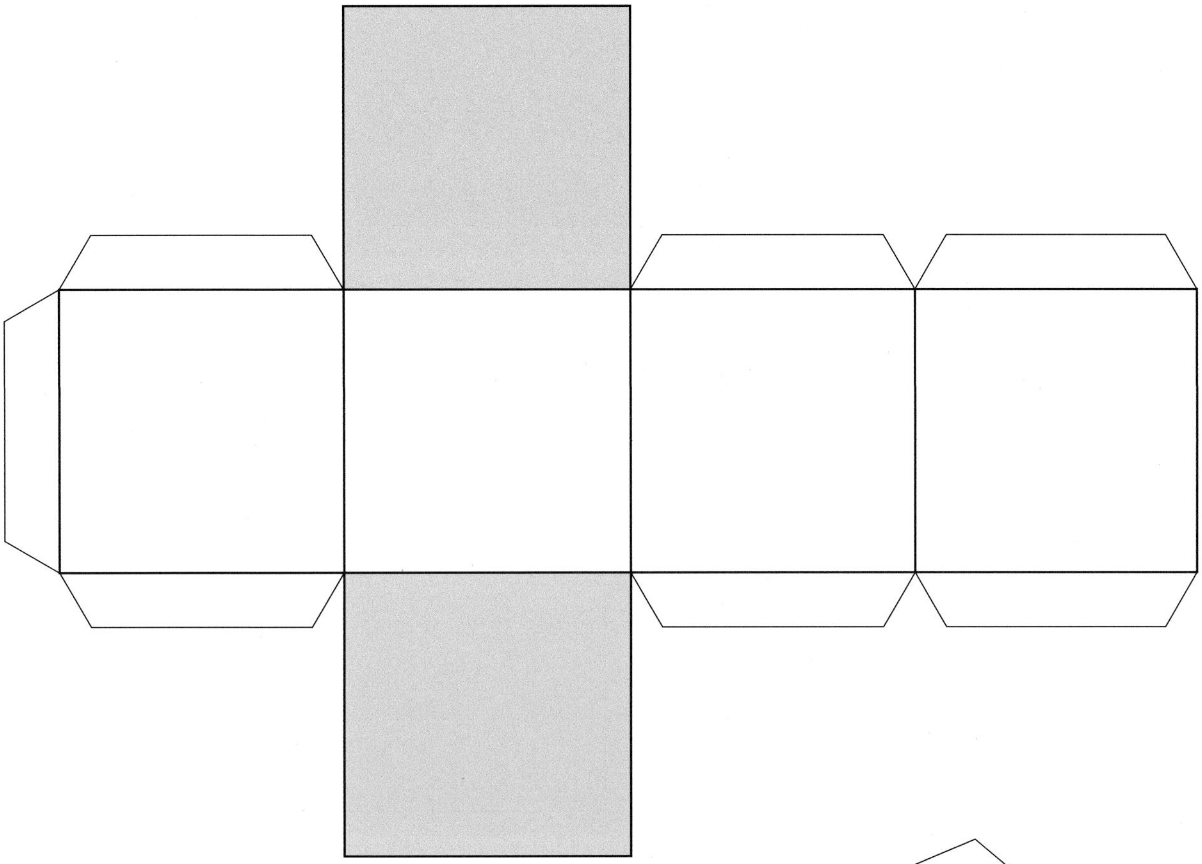

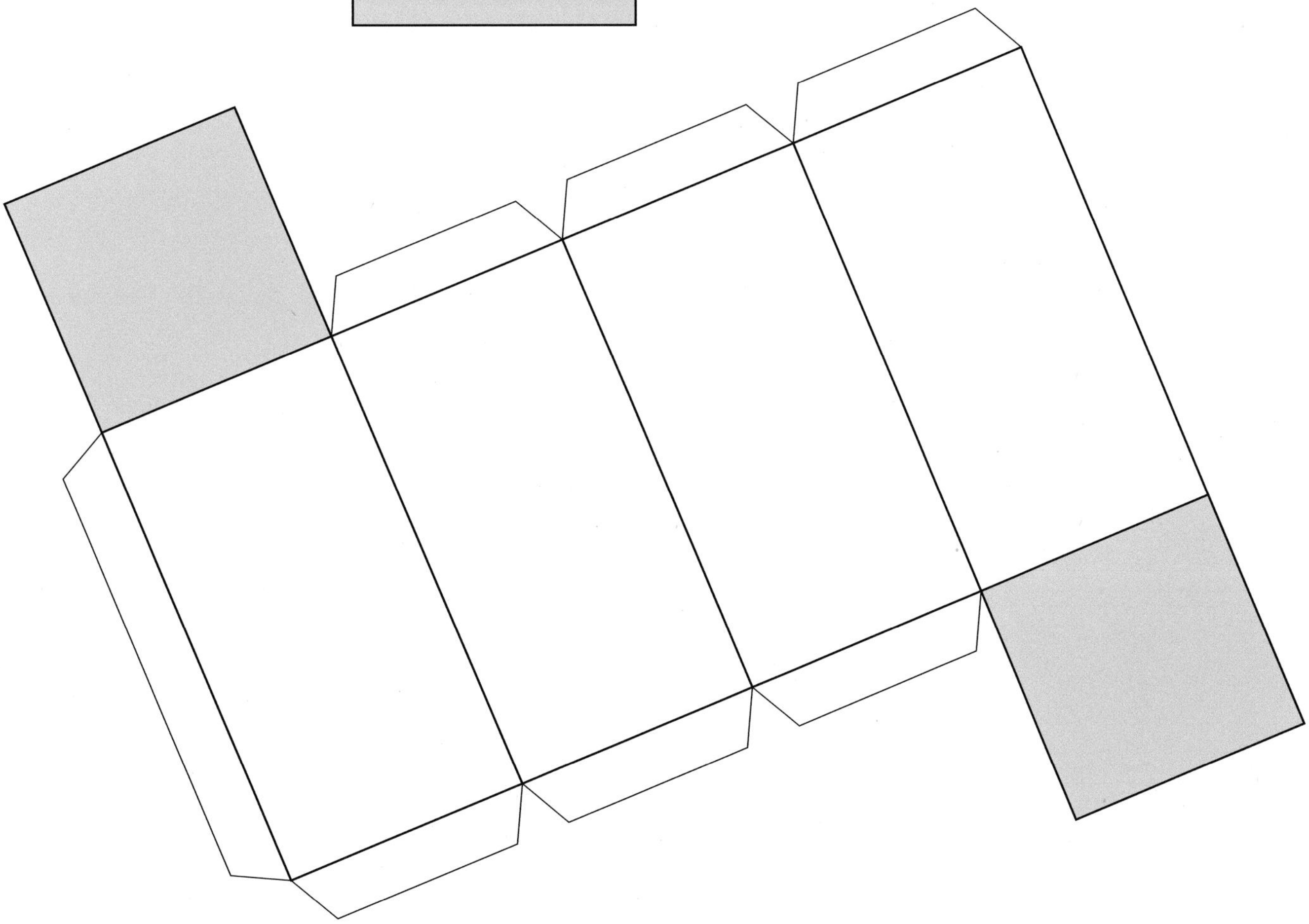

Bastelvorlage Pyramide und Zylinder

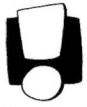

Schneide die Körperformen vorsichtig aus, falte diese und klebe sie zusammen.

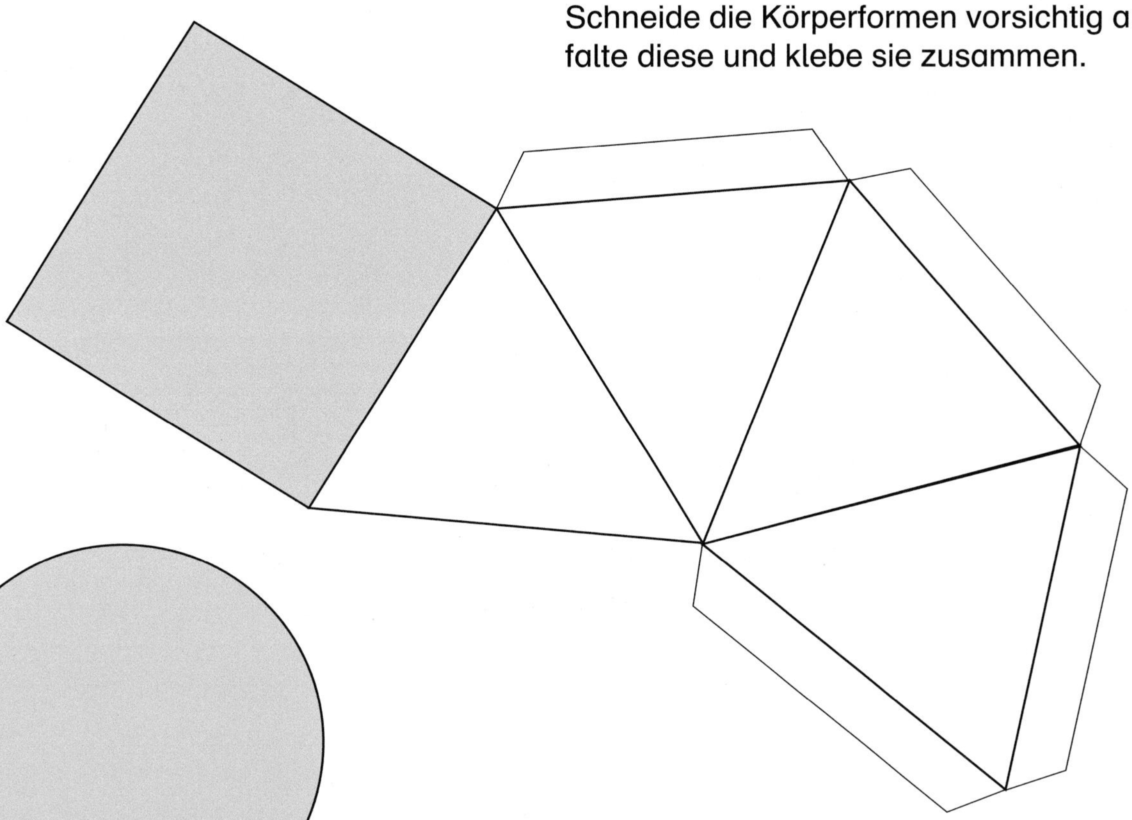

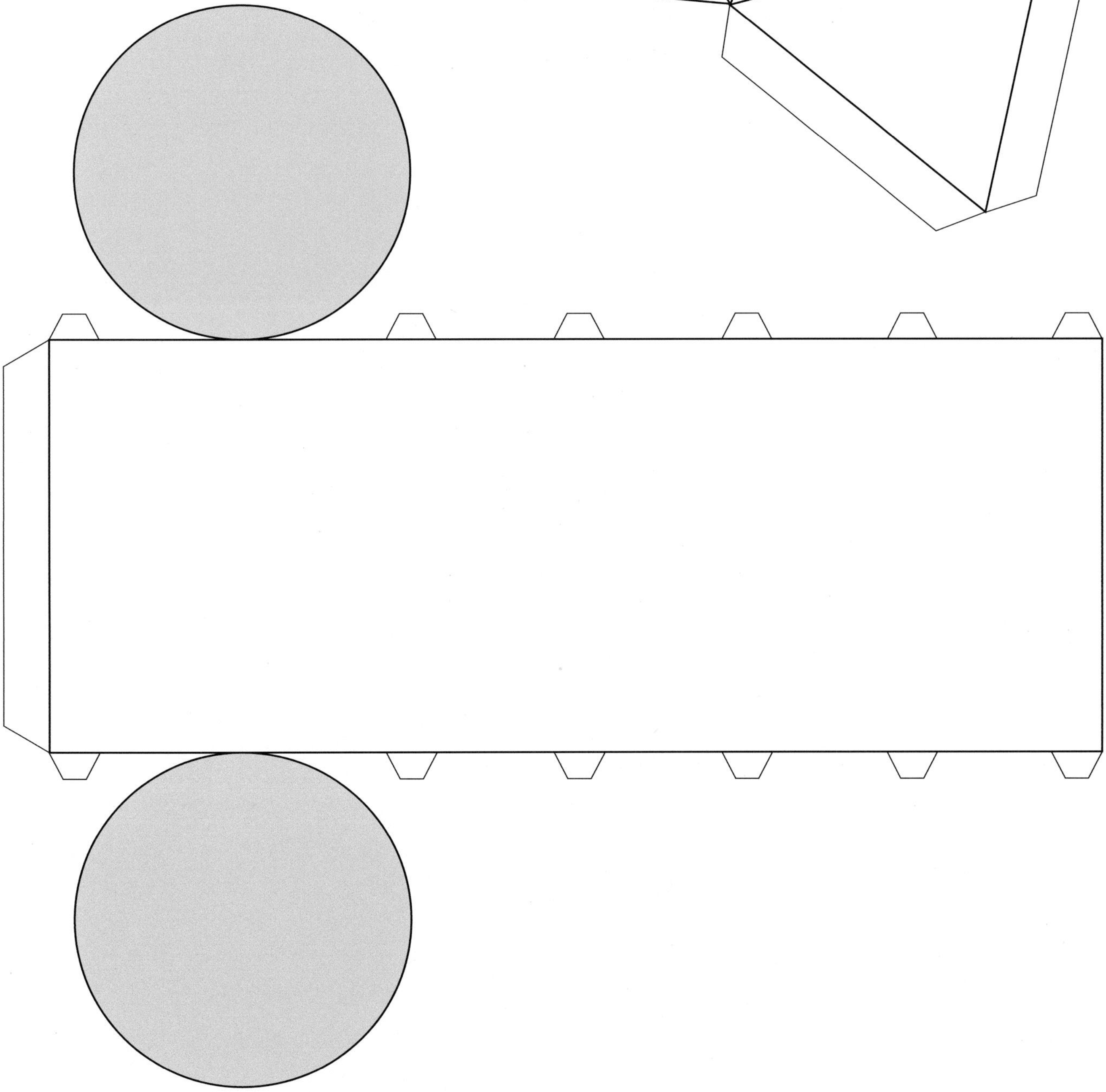

Schneide die Körperformen vorsichtig aus, falte diese und klebe sie zusammen.

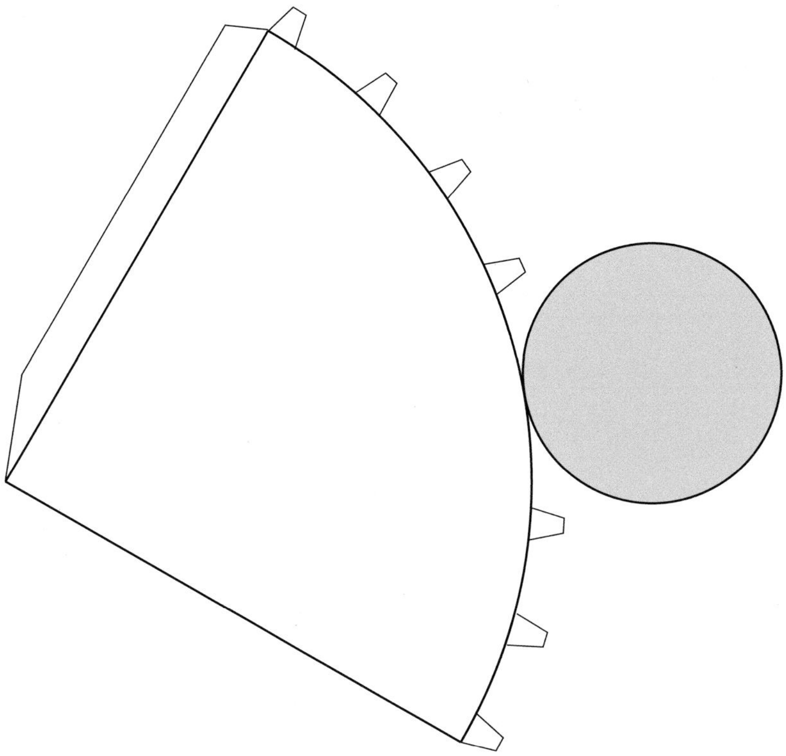

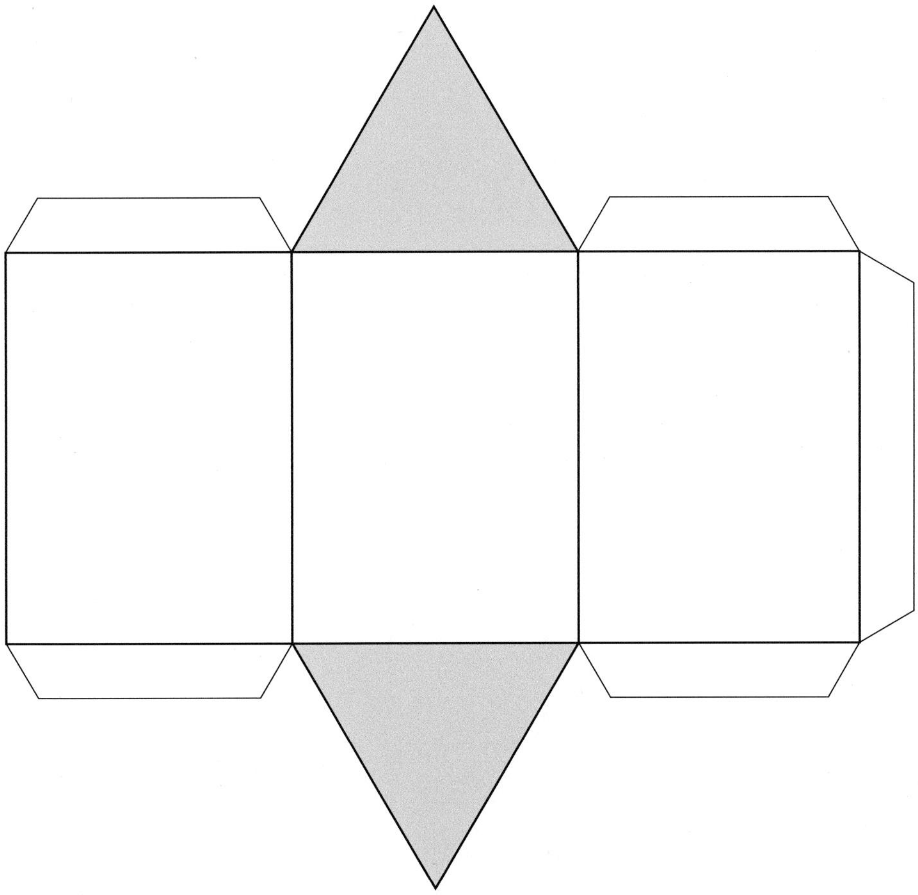

1 Fülle die Tabelle aus.

	Anzahl der Ecken	Anzahl der Kanten	Anzahl der Flächen	Anzahl der rechten Winkel zwischen den Kanten	Besonderheiten der Flächen
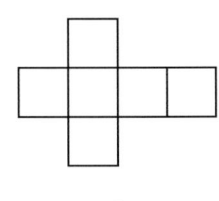					....

2 Kreuze die Netze an, aus denen du einen Würfel bauen kannst.
Tipp: Du kannst die Netze zum Ausprobieren auch vergrößert auf ein kariertes Blatt zeichnen.

a)

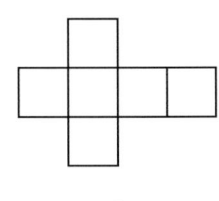

○

b)

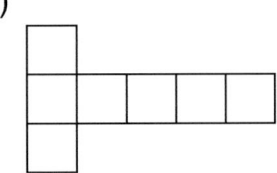

○

c)

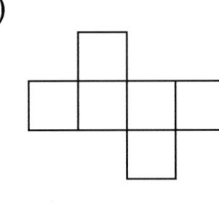

○

d)

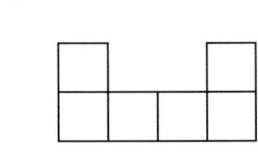

○

e)

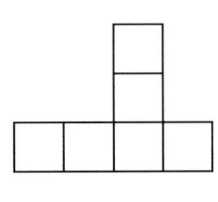

○

f)

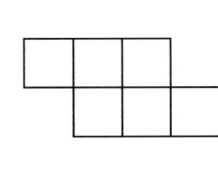

○

g)

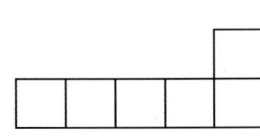

○

h)

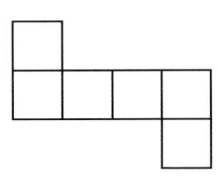

○

i)

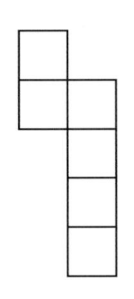

○

1 a) Zeichne das Netz eines Würfels.
     b) Überlege, wie sich die Oberfläche eines Würfels berechnen lässt.
        Dabei heißt: O_w = Oberfläche eines Würfels
                  a = Länge einer Kante

Formel: _____

2 Knut möchte einen Würfel aus Papier basteln. Er überlegt, wie viel Papier er dazu braucht. Der Würfel hat die Kantenlänge $a = 10$ cm.

3 Berechne die Oberfläche folgender Würfel.

   a) $a = 6$ cm   b) $a = 19$ cm   c) $a = 47$ cm   d) $a = 146$ mm   e) $a = 52,5$ mm

4 Die Oberfläche eines Würfels beträgt $1\,944$ m^2.

   a) Wie groß ist der Flächeninhalt eines Quadrates? _____

   b) Wie lang ist eine Kante? _____

   c) Rechne als Probe wieder rückwärts.

5 Fritz möchte sich eine würfelförmige Kiste bauen. Die Kantenlänge soll $1,20$ m betragen. Ein Quadratmeter Sperrholz kostet im Baumarkt $24,99$ €.

6 Jens möchte ein Geschenk in ein würfelförmiges Paket ($a = 33$ cm) einpacken.

   a) Wie groß muss das Stück Geschenkpapier sein, wenn er es als Netz falten möchte?

     _____

   b) Wie viel cm^2 Verschnitt entstehen, wenn die Rolle Geschenkpapier $1,20$ m breit ist?

     _____

7 Ein Würfel besitzt eine Oberfläche von 24 dm^2. Wie groß ist die Kantenlänge des Würfels?

Marco Bettner/Erik Dinges: Grundwissen Körperberechnungen – 6.–10. Klasse
© Persen Verlag

① In jedem Würfel liegen kleine gleich große Einheitswürfel.
Die Einheitswürfel besitzen ein Volumen von 1 cm^3.
Wie groß ist das Gesamtvolumen der Würfel?

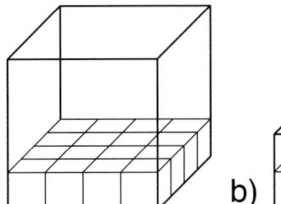

a)   b)

② Betrachte die Abbildung der Würfel. Finde heraus,
wie man das Volumen eines Würfels berechnet.
Dabei ist: V_w = Volumen eines Würfels;   a = Länge einer Kante

Formel: _____

③ Berechne das Volumen verschiedener Würfel mit den angegebenen Kantenlängen.
   a) a = 5 cm   b) a = 19 cm   c) a = 105 cm   d) a = 13,8 cm   e) a = $23\frac{1}{2}$ cm

④ Wie viele gleich große Würfel braucht man (mindestens), um einen größeren Würfel zu

bauen? _____ Stück

⑤ Jens hat 125 Würfel mit der Kantenlänge 2 cm. Er möchte diese zu einem größeren
Würfel zusammenlegen. Welche Kantenlänge besitzt der größte Würfel, den er mit seinen
kleinen Würfeln zusammenbauen kann?

_____

Tipp: Überlege, wie viele Würfel er für einen größeren Würfel mit der Kantenlänge 4 cm,
        6 cm usw. braucht.

⑥ Ein würfelförmiger Tank fasst 2197 Liter.

   a) Welche Maße hat der Tank? _____

     Tipp: Denke daran: 1 dm^3 = 1 l.

   b) Wie groß wäre der Tank, wenn man sein Fassungsvermögen verachtfachen würde?

_____

⑦ Passen 50 Liter Wasser in ein würfelförmiges Gefäß mit der Kantenlänge 37 cm?

   ○ Ja   ○ Nein

   Begründung: _____

❶ Berechne die fehlenden Angaben und trage sie in die Tabelle ein.

Würfel	a)	b)	c)	d)	e)
Kantenlänge a	9 cm	0,7 m			
Oberfläche O_w			216 m^2	37,5 dm^2	
Volumen V_w					1 331 dm^3

❷ Ein Holzwürfel besitzt eine Kantenlänge von 27 cm.

    a) Wie groß ist die Oberfläche des Würfels? _____

    b) Der Würfel soll in kleine Würfel mit der Kantenlänge 1,5 cm zersägt werden.

       Wie viele Würfel gibt es? _____ Stück

    c) Wie groß ist die Oberfläche aller kleinen Würfel zusammen? _____

❸ Die Kantenlänge eines Würfels wird verdoppelt bzw. verdreifacht und vervierfacht.
Wie ändern sich die Oberfläche bzw. das Volumen?

Kantenlänge	verdoppelt	verdreifacht	vervierfacht
Oberfläche			
Volumen			

❹ Herr Wurm hat in seinem Garten einen würfelförmigen Wasserbehälter. Dieser ist mit Blech ummantelt. Er hat eine Kantenlänge von 0,9 m.

    a) Wie viel m^2 Blech braucht Herr Wurm, wenn er dieses erneuern möchte? _____

    b) Wie viel Liter Wasser passen in den Behälter? _____

    c) Der Wasserbehälter ist zur Hälfte mit Wasser gefüllt.
       Wie viele volle 11-Liter-Gießkannen kann Herr Wurm füllen? _____ Stück

❺ Um wie viel vergrößert sich die Oberfläche eines Würfels, wenn sich dessen Volumen verachtfacht?

_____

Marco Bettner/Erik Dinges: Grundwissen Körperberechnungen – 6.–10. Klasse
© Persen Verlag

Name: _____   **Datum:** _____

① Zeichne zwei verschiedene Netze eines Würfels.

a)

b)

② Berechne die fehlenden Angaben und trage sie in die Tabelle ein.

Würfel	a)	b)	c)	d)	e)
Kantenlänge a	8 cm	15,8 m			
Oberfläche O_W			294 m^2	86,64 dm^2	
Volumen V_W					2 744 m^3

③ Ein würfelförmiger Hocker soll mit Ausnahme des Bodens mit Stoff bezogen werden. Der Hocker ist 65 cm hoch. Ein m^2 Stoff kostet 34,50 €.

_____

④ Ulf behauptet: „Mit meinen 100 kleinen Holzwürfeln kann ich einen Holzwürfel bauen, der 5 mal so groß ist wie ein kleiner Holzwürfel."

○ Ja   ○ Nein

Begründung: _____

_____

⑤ Welche Maße muss ein würfelförmiger Behälter haben, damit er den Inhalt einer Kiste Wasser (8 Flaschen je 1 l) fassen kann?

_____

Marco Bettner/Erik Dinges: Grundwissen Körperberechnungen – 6.–10. Klasse
© Persen Verlag

1 Beantworte folgende Fragen.

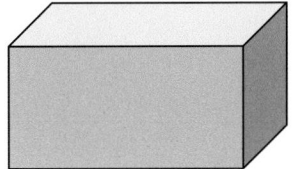

a) Wie viele Flächen besitzt ein Quader? _____ Flächen

b) Wie viele Kanten hat ein Quader? _____ Kanten

c) Wie viele Ecken hat ein Quader? _____ Ecken

d) Wie viele rechte Winkel hat ein Quader zwischen den Kanten? _____ Stück

e) Was ist das „Besondere" an einem Quader? _____

f) Ist ein Würfel auch immer ein Quader?
   ○ Ja   ○ Nein

Begründung: _____

2 Nimm dir eine Verpackung, die die Form eines Quaders hat.
Falte diese auseinander und zeichne ihr Netz.

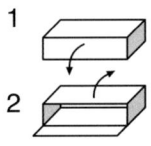

3 Kreuze die Netze an, aus denen man einen Quader bauen kann.
Tipp: Du kannst die Netze zum Ausprobieren auch vergrößert auf ein kariertes Blatt zeichnen.

a)

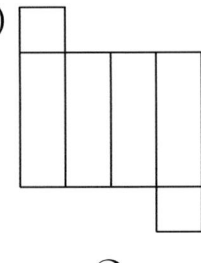

○

b)

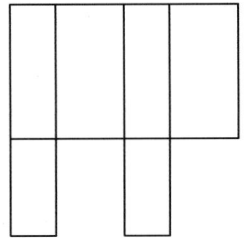

○

c)

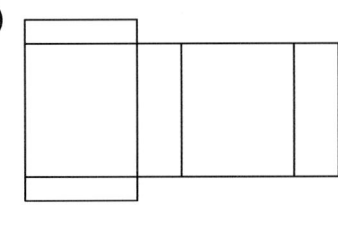

○

d)

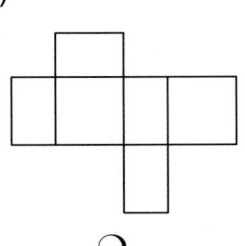

○

e)

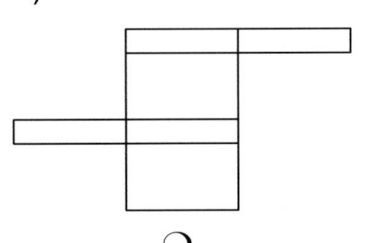

○

f)

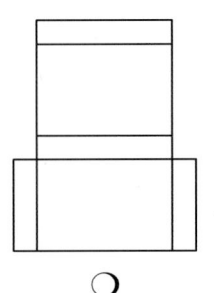

○

Marco Bettner/Erik Dinges: Grundwissen Körperberechnungen – 6.–10. Klasse
© Persen Verlag

1 Überlege, aus welchen und wie vielen Flächen ein Quader besteht.

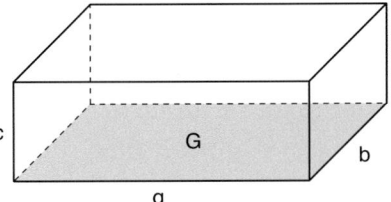

a) Notiere die Formeln zur Berechnung der einzelnen Flächen.
   Dabei ist: O_Q = Oberfläche eines Quaders
   G   = Grundfläche
   c   = Höhe
   a und b = Länge und Breite

b) Wie heißt die Formel zur Berechnung der Oberfläche eines Quaders?

   Formel: _____

2 Berechne die Oberfläche des Quaders.

a) a = 5 cm; b = 8 cm; c = 10 cm

b) a = 52 dm; b = 41 dm; c = 48 dm

c) a = 780 mm; b = 950 mm; c = 1000 mm

d) a = 3,8 dm; b = 5,78 dm; c = 6 dm

e) a = 4 cm; b = 55 mm; c = 27 mm

f) $a = \frac{3}{4}$ dm; $b = \frac{1}{2}$ dm; $c = \frac{2}{3}$ dm

3 Ein Quader besitzt die Maße a = 4 cm, b = 6 cm und c = 5 cm.
Wie müsstest du den Quader verkleinern, damit seine Oberfläche nur noch halb so
groß ist?

_____

4 Gustav hat 4 gleich große Quader (a = 8 cm; b = 5 cm; c = 6 cm).
Er möchte mit diesen neue Quader legen.

a) Finde mindestens zwei Möglichkeiten und skizziere diese.

b) Berechne zu jedem neuen Quader die Kantenlängen.

c) Berechne zu jedem neuen Quader seine Oberfläche.

5 Wie ändert sich die Oberfläche eines Quaders, wenn man alle Seitenlängen verdreifacht?
Tipp: Rechne an einem Beispiel.

_____

6 Ein Quader ist 10 cm lang, 8 cm breit und besitzt eine Oberfläche von 170 cm^2.
Wie hoch ist der Quader?

 **Volumen**

1 Finde die Formel zur Berechnung des Volumens eines Quaders.
   Tipp: Schaue dir die Formel zur Berechnung des Volumens eines Würfels an.
   Dabei ist: V_Q = Volumen eines Quaders
               c   = Höhe
               a und b = Länge und Breite

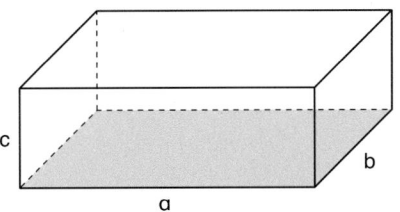

   Formel: _____

2 Berechne das Volumen verschiedener Quader mit den folgenden Maßen:

a) a = 5 cm; b = 10 cm; c = 12 cm   b) a = 13,5 cm; b = 27 cm; c = 21,5 cm

c) a = 12,8 m; b = $13\frac{1}{8}$ m; c = 12 dm   d) a = 30 cm; b = 47 mm; c = 0,201 m

3 Ein quaderförmiges Schwimmbad ist 15 m lang,
   8 m breit und 2 m tief.

   a) Wie viel m^3 Wasser fasst das Schwimmbad?

   b) Wie viel l Wasser fasst das Schwimmbad?

4 Eine Baugrube mit der Länge 12 m und der Breite 10 m soll 2,30 m tief ausgehoben werden. Auf einen LKW passen 4 m^3 Erde.
   Wie viel mal muss der LKW fahren, bis er die Erde zur Deponie gebracht hat? _____

5 Wie groß ist die Höhe c eines quaderförmigen Öltanks, wenn a = 3,50 m, b = 1,90 m und V_Q = 11,97 m^2.

6 Ein Sandkasten soll mit Sand gefüllt werden. Der Sandkasten ist 2 m lang und 4 m breit.
   Er ist 50 cm tief.

   a) Wie viel m^3 Sand müssen bestellt werden,
      wenn der Sandkasten 30 cm hoch gefüllt werden soll? _____

   b) Wie viel Sand passt noch hinein, wenn man ihn randvoll füllen würde? _____

7 Der Heizöltank der Familie Schneider ist 2 m breit, 2 m lang und 1,80 m hoch. Die Familie verbraucht im Jahr 6 800 l Heizöl.

   a) Reicht die Tankfüllung für 1 Jahr?

   b) Ein Liter Heizöl kostet 60 ct. Wie viel € kostet eine Tankfüllung?

Marco Bettner/Erik Dinges: Grundwissen Körperberechnungen – 6.–10. Klasse
© Persen Verlag

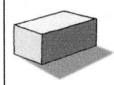

① Zeichne einen Quader mit dem Maßen a = 6 cm, b = 4 cm und c = 3 cm im Schrägbild (Verzerrungswinkel: 45°, Verkürzung: $\frac{1}{2}$).

② Berechne die fehlenden Angaben und trage sie in die Tabelle ein.

Quader	a)	b)	c)	d)	e)
Kantenlänge a	10 cm	47 cm		13,2 m	
Kantenlänge b	4 cm	38 cm	8 cm		58 dm
Kantenlänge c	6 cm	15,9 cm	11 cm	10,6 m	66 dm
Oberfläche O_Q			784 cm²	870,08 m²	
Volumen V_Q					53 592 dm³

③ Wie viel m³ Luft passt in euer Klassenzimmer? _____

④ Luca klebt 3 Würfel übereinander. Die Oberfläche eines Würfels beträgt 216 cm². Berechne die Oberfläche und das Volumen des entstehenden Quaders.

⑤ Jan will sich eine Holzkiste bauen. Die Außenmaße sollen a = 1,20 m, b = 60 cm und c = 70 cm betragen. Die Holzstärke beträgt 1 cm.

a) Was muss Jan für das Holz bezahlen, wenn der m² 14,50 € kostet? _____

b) Wie groß ist das Fassungsvermögen der Kiste? _____

⑥ Aus einem Becken werden 1 800 Liter Wasser abgelassen.

a) Um wie viel ist der Wasserstand gesunken? _____ cm

b) Wie viel Wasser ist herausgeflossen, wenn der Wasserstand um 25 cm sinkt?

_____

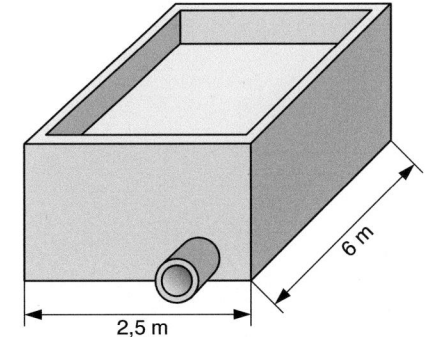

6 m

2,5 m

Name: _____ **Datum:** _____

1 Zeichne zwei verschiedene Netze eines Quaders.

a)

b)

2 Berechne die fehlenden Angaben und trage sie in die Tabelle ein.

Quader	a)	b)	c)	d)	e)
Kantenlänge a	4 cm	12,5 cm	6 cm		17 m
Kantenlänge b	8 cm	14 cm	12 cm	14,5 dm	
Kantenlänge c	3 cm	16,8 cm		22,5 dm	22 m
Oberfläche O_Q			810 cm^2	2 080,7 dm^2	
Volumen V_Q					6 358 m^3

3 Herr Meier besitzt ein Aquarium. Es ist 70 cm breit, 45 cm tief und 50 cm hoch.

a) Er möchte das alte Glas austauschen.
Ein m^2 Sicherheitsglas kostet 17,80 €.

_____

b) Herr Meier möchte das Aquarium bis 10 cm unter
den Rand mit Wasser füllen.
In seine Kanne passen 2 l.

Wie viele voll gefüllte Kannen Wasser muss er holen?

_____ Stück.

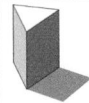

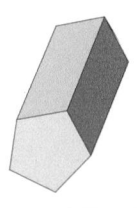

Info

Prisma (griechisch: „das Zersägte")

Bei einem Prisma sind die Grundflächen G zwei zueinander parallele und deckungsgleiche Vielecke.

1 Bei welchen Körpern handelt es sich um Prismen? Kreuze an.

a)　　　b)　　　　　　c)　　　　d)　　　e)　　　f)

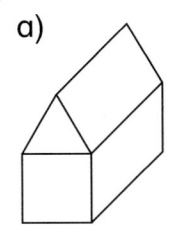 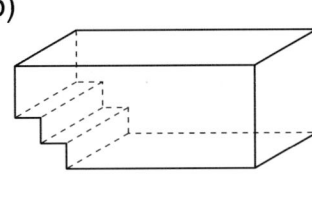 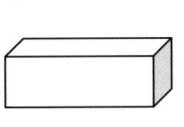 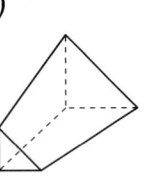 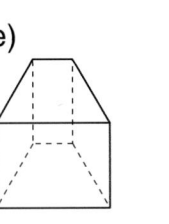 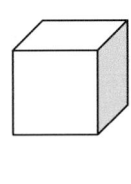

◯　　　　◯　　　　　◯　　　　◯　　　◯　　　◯

2 Unterstreiche in den obigen Abbildungen alle Prismen mit rechteckiger Grundfläche rot und alle Prismen mit trapezförmiger Grundfläche grün.

3 Beantworte folgende Fragen.

a) Wie viele Flächen besitzt ein Prisma mit dreieckiger Grundfläche? _____ Flächen

b) Wie viele Flächen besitzt ein Prisma mit viereckiger Grundfläche? _____ Flächen

c) Wie viele Kanten hat ein Prisma mit dreieckiger Grundfläche? _____ Kanten

d) Wie viele Kanten hat ein Prisma mit trapezförmiger Grundfläche? _____ Kanten

e) Ist ein Würfel auch immer ein Prisma? ◯ Ja ◯ Nein

Begründung: _____

4 Betrachte die unteren Abbildungen.
   a) Kreuze die Netze rot an, die zu einem Prisma mit dreieckiger Grundfläche gehören.
   b) Kreuze die Netze grün an, die zu einem Prisma mit trapezförmiger Grundfläche gehören.

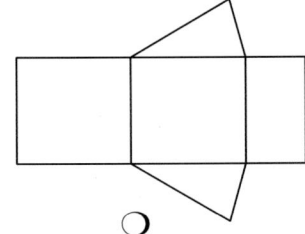 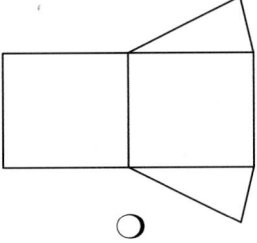 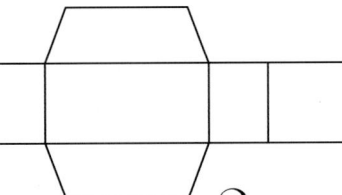 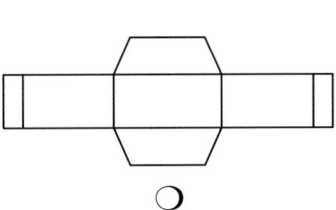

◯　　　　　　◯　　　　　　◯　　　　　　◯

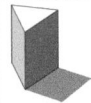

1 a) Beschrifte alle Kanten des Netzes mit den Buchstaben a, b, c, h_c und h_k entsprechend des Schrägbildes.

b) Berechne die gesamte Oberfläche des dargestellten Prismas für:
a = 42 cm; b = 34,5 cm; c = 45 cm; h_c = 30 cm; h_k = 52,5 cm

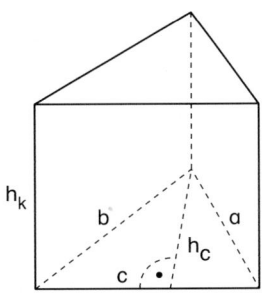 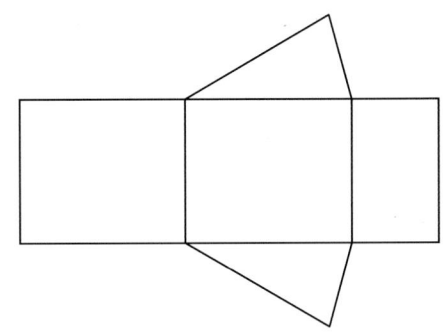

2 Berechne die Oberfläche des Prismas mit dreieckiger Grundfläche (Maße in cm).

a)

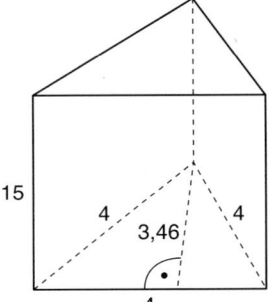

b)

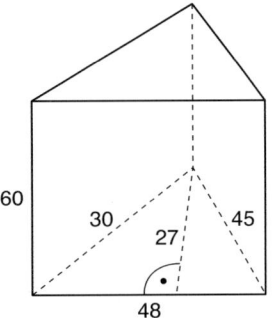

c)

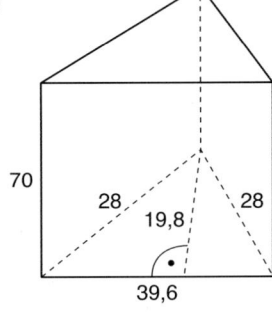

3 Berechne die Oberfläche der rechts abgebildeten Verpackung. Gehe von einem Verschnitt von 10 % aus.

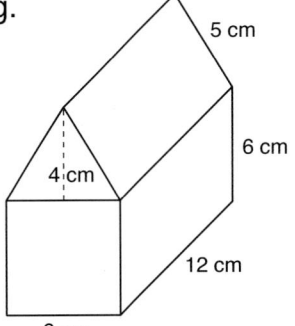

4 Berechne die Oberfläche der 3 angegebenen Körper (Maße in cm).

a)

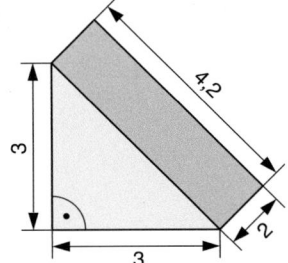

b)

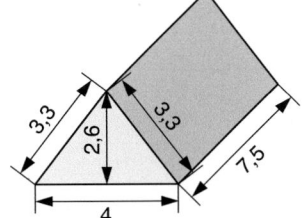

c)

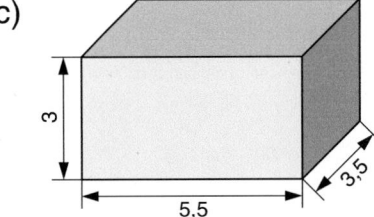

1 a) Beschrifte alle Kanten des Netzes mit den Buchstaben a, b, c, d, h_a und h_k dem Schrägbild entsprechend.

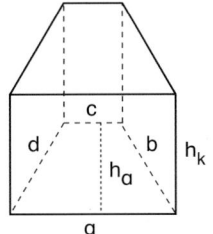

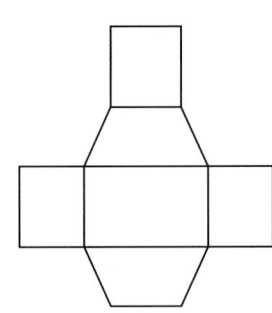

b) Berechne die gesamte Oberfläche des dargestellten Prismas für:

a = 140 mm; b = 90 mm; c = 30 mm; d = 80 mm; h_a = 60 mm; h_k = 110 mm

2 Berechne die Oberfläche des Prismas mit trapezförmiger Grundfläche (a || c).

a) a = 7 cm; b = 6 cm; c = 5 cm; d = 6 cm ; h_a = 4 cm; h_k = 12 cm

b) a = 3,4 dm; b = 5,7 dm; c = 4,7 dm; d = 5,7 dm ; h_a = 4,2 dm; h_k = 14,5 dm

3 Berechne die jeweilige Oberfläche des Prismas.

Prisma	a)	b)	c)	d)
Grundfläche	5 cm × 3 cm	5 mm / 16 mm / 14 mm / 12 mm / 20 mm	30 cm / 34 cm / 21 cm	110 mm / 100 mm / 90 mm / 120 mm
Körperhöhe h_k	7 cm	30 mm	70 mm	200 mm

4 Die Eisenträger (abgebildet sind die jeweiligen Querschnitte) sollen durchgängig mit Rostschutzfarbe gestrichen werden.
Wie groß ist die jeweils zu streichende Fläche?

a) h_k = 50 cm

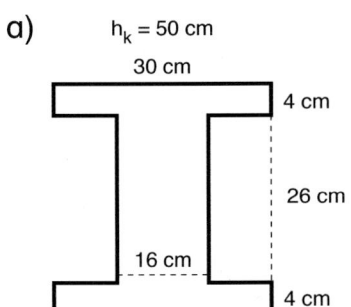

30 cm
4 cm
26 cm
16 cm
4 cm

b) h_k = 70 cm

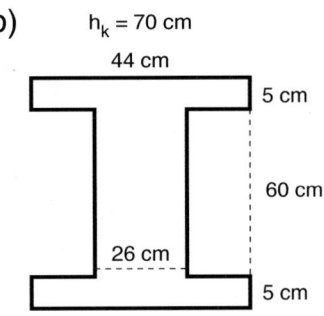

44 cm
5 cm
60 cm
26 cm
5 cm

Marco Bettner/Erik Dinges: Grundwissen Körperberechnungen – 6.–10. Klasse
© Persen Verlag

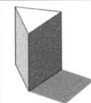
1 Die rechte Abbildung zeigt zwei volumengleiche Prismen mit dreieckiger Grundfläche.

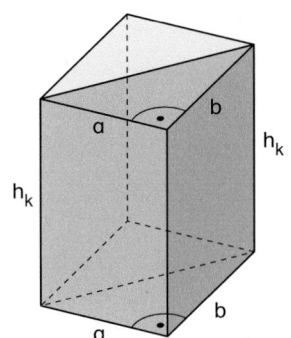

   a) Welcher bekannte Körper entsteht bei der Zusammenlegung der beiden Dreiecksprismen?

   _____

   b) Gib das Volumen des Quaders in Abhängigkeit von a, b und h_k (Körperhöhe) an.

   _____

   c) Gib eine Formel für die Berechnung des dreieckigen Prismavolumens (V_{Prisma}) in Abhängigkeit von a, b und h_k an.

   V_{Prisma} = _____

2 Allgemein lässt sich jedes Prismavolumen über die Formel „V_{Prisma} = Grundfläche (G) · Körperhöhe (h_k)" berechnen. Stimmt diese Formel auch für das Ergebnis von Aufgabe 1c? Begründe deine Entscheidung.

3 Benutze die Formel aus Aufgabe 2 und berechne das Volumen des jeweiligen Dreiecksprismas.

   a) c = 7 cm; a = 6 cm; b = 5,5 cm; h_c = 4,6 cm; h_k = 20 cm.
   b) c = 56 dm; a = 70 dm; b = 63 dm; h_c = 6 dm; h_k = 90 dm.

4 Berechne das jeweilige Körpervolumen.

a)

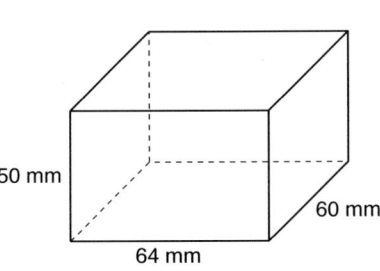

b)

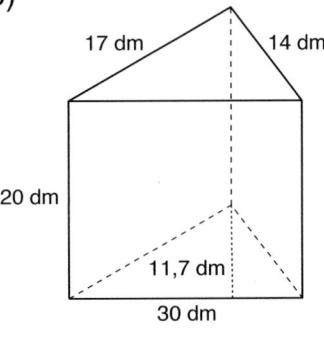

c)

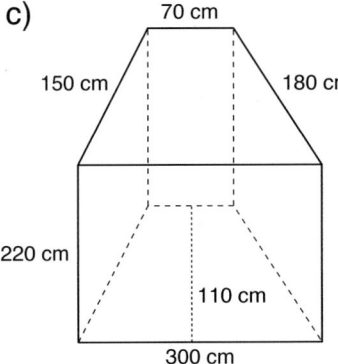

V = _____   V = _____   V = _____

Marco Bettner/Erik Dinges: Grundwissen Körperberechnungen – 6.–10. Klasse
© Persen Verlag

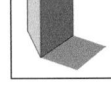

1 Berechne das Volumen des dargestellten Prismas.

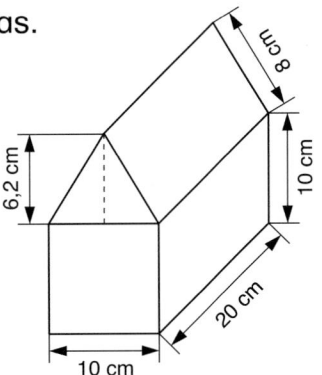

2 Das Volumen des Prismas soll näherungsweise berechnet werden. Die untere Grundfläche ist quadratisch. Die Höhe des Körpers ist doppelt so lang wie die Grundseite.

Tipp: Versuche, über den dargestellten Bleistift die Länge des Quadrats zu schätzen.

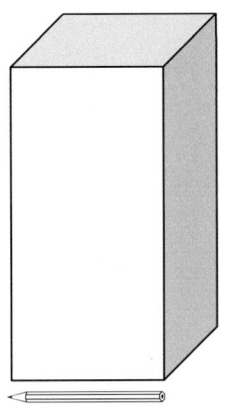

3 Schreiner Meier hat das dargestellte Holzpodest gebaut (Maße in cm).

a) Wie breit (b) und wie hoch (h) ist das Podest?

b) Berechne das Volumen des Podests.

c) Ein cm³ Holz wiegt ca. 0,7 g. Wie schwer ist das Podest?

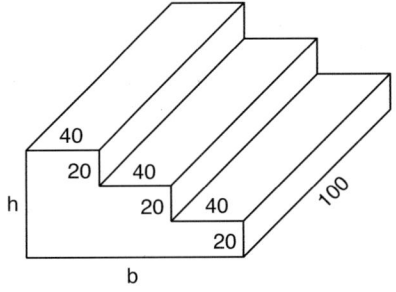

4 Aus einem Quader wurde ein Würfel herausgeschnitten.

a) Berechne das Volumen des ursprünglichen Quaders.

b) Berechne das Würfelvolumen.

c) Wie groß ist das Volumen des vorhandenen Körpers?

d) Um wie viel Prozent hat sich das ursprüngliche Quadervolumen verringert?

5 Der Flächeninhalt der Grundfläche eines Prismas beträgt 358 mm². Das Volumen des Prismas beträgt 9 666 mm³. Wie hoch ist das Prisma?

Name: _____   **Datum:** _____

① Berechne die fehlenden Angaben und trage sie in die Tabelle ein.

Prisma	a)	b)	c)	d)
Größenangaben	Rechteck	Dreieck	Parallelogramm	Trapez (a ‖ c)
a	6 cm	60 mm	23 dm	0,8 m
b	7 cm	90 mm	20 dm	0,6 m
c	10 cm	96 mm	– – –	0,6 m
d	– – –	– – –	– – –	0,7 m
h_c	– – –	54 mm	18 dm (h_a)	0,5 m
h_k	– – –	150 mm	50 dm	1,7 m
O_K				
V_K				

② Rechts siehst du die Skizze einer Stützmauer aus Beton.
Die Mauer ist 12 m lang.

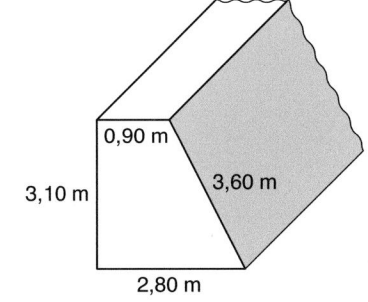

a) Wie viel m³ Beton wurden für den Bau der Mauer benötigt?

b) Die schräge Vorderfläche der Mauer soll verblendet werden.
Wie viel m² Verblendsteine werden benötigt?

③ Rechts siehst du die Anbauskizze eines Hauses.

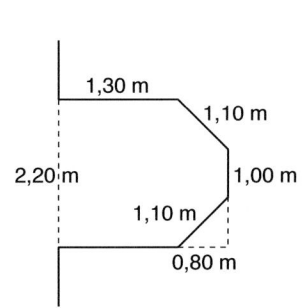

a) Wie groß ist das Volumen des umbauten Raumes bei einer
Raumhöhe von 2,50 m?

b) Die Außenfassade des Anbaus soll mit Holz verkleidet werden.
Wie viel Quadratmeter Holz werden benötigt?
Rechne mit einem Verschnitt von 10 %.

④ Eine Milchverpackung mit einer quadratischen Grundfläche ist
22 cm hoch. Das Fassungsvermögen beträgt 1 l.
Wie groß ist die Kantenlänge der Grundfläche?

Marco Bettner/Erik Dinges: Grundwissen Körperberechnungen – 6.–10. Klasse
© Persen Verlag

① Entferne die Papierummantelung einer Konservendose
(diese muss durchgängig sein).
Überlege nun, aus welchen Teilfiguren sich ein Zylinder
zusammensetzt?

_____

② Beschrifte den Zylinder aus Aufgabe 1.
Grundfläche, Deckfläche, Mantel, Höhe, Radius

③ Viele Gegenstände aus unserer Umwelt haben die Form eines
Zylinders (oder auch Walze genannt). Nenne fünf verschiedene
Gegenstände ...

... in stehender Form: _____

_____

... in liegender Form: _____

_____

④ Welche der folgenden Netze können keine Netze von Zylindern sein?
Kreuze diese an und begründe deine Antwort.

a)   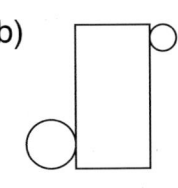   b)   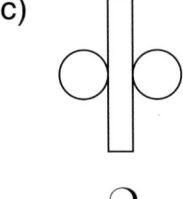   c)   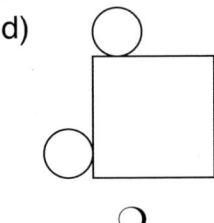   d)

_____

_____

_____

_____

 **Oberfläche (1)**

① Zeichne rechts in den Kasten das Netz eines Zylinders mit r = 1 cm und h = 5 cm.

② Aus welchen Teilflächen besteht ein Zylinder?

1. _____

2. _____

③ Berechne den Flächeninhalt der Teilflächen. Leite daraus eine Formel zur Berechnung des Flächeninhalts eines Zylinders ab. (O_Z = Oberfläche Zylinder)

Tipp: Wickle den Zylinder entlang des Kreises ab.

Teilflächen: 1. _____

2. _____

Formel: _____

④ Berechne die Oberfläche verschiedener Zylinder mit den folgenden Maßen:

a) r = 3 cm; h = 7 cm

b) r = 12 cm; h = 21 cm

c) r = 7,5 dm; h = 3,3 dm

d) r = 34 mm; h = 78 mm

e) r = 13,7 cm; h = 13,7 cm

f) r = $7\frac{1}{2}$ cm; h = $\frac{1}{4}$ cm

⑤ Herr Knott möchte seine beiden Regenfässer neu streichen. Beide Fässer sind 1,30 m hoch und haben einen Durchmesser von 70 cm. Für wie viel m² muss er Farbe kaufen?

_____

⑥ Eine Walze ist 1,80 m breit und besitzt einen Durchmesser von 1 m. Wie viel Quadratmeter werden bei einer Umdrehung abgewalzt?

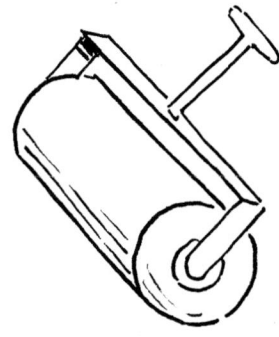

Marco Bettner/Erik Dinges: Grundwissen Körperberechnungen – 6.–10. Klasse
© Persen Verlag

① Berechne die Oberfläche aller Euro-Münzen. Gib in cm² an.

Münze	1 Cent	2 Cent	5 Cent	10 Cent	20 Cent	50 Cent	1 Euro	2 Euro
Durchmesser (mm)	16,25	18,75	21,25	19,75	22,25	24,25	23,25	25,75
Dicke (mm)	1,67	1,67	1,67	1,93	2,14	2,38	2,33	2,20
Oberfläche (cm²)								

② Berechne die fehlenden Angaben.

a) $r = 10$ cm; $O_Z = 1\,256,64$ cm²

   h = _____

b) $r = 18$ cm; $O_Z = 4\,009$ cm²

   h = _____

c) $h = 2$ cm; $O_Z = 50,27$ cm²

   r = _____

d) $d = 14$ cm; $O_Z = 5\,000$ cm²

   h = _____

③ Wie viel Blech wird zur Herstellung von 10 000 Konservendosen benötigt, die 22 cm hoch sind und einen Durchmesser von 11 cm haben? Rechne für den Verschnitt 15 Prozent hinzu.

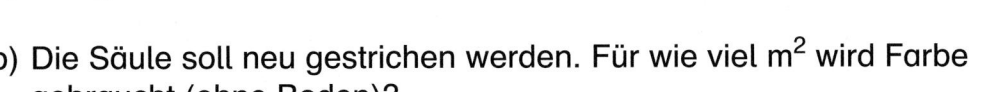

④ Die abgebildete Plakatsäule ist 3,40 hoch und hat einen Durchmesser von 1,20 m.

a) Wie groß ist die beklebbare Fläche? _____

b) Die Säule soll neu gestrichen werden. Für wie viel m² wird Farbe gebraucht (ohne Boden)?

_____

⑤ Harry behauptet: „Wenn ich die Höhe eines Zylinders verdreifache, dann verdoppelt sich seine Oberfläche."
Stimmt seine Behauptung?   ○ Ja   ○ Nein
Belege deine Aussage durch ein Beispiel.

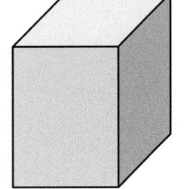 

1 Finde heraus, wie man das Volumen eines
Zylinders (V_Z) berechnet. Vergleiche dazu
die Berechnung des Volumens eines
Quaders ($V_Q = a \cdot b \cdot h$).

Formel: _____

2 Berechne das Volumen verschiedener Zylinder.

a) r = 4 cm; h = 8 cm

b) d = 22 cm; h = 17 cm

c) r = 9,5 dm; h = 2,2 dm

d) r = 65 mm; h = 34 mm

e) d = 22,9 cm; h = 22,8 cm

f) $r = 9\frac{1}{2}$ cm; $h = 4\frac{1}{4}$ cm

3 a) Wie hoch müsste ein Becher sein, damit er bei einem Radius
von 3 cm einen Liter Wasser fassen kann?

_____

b) Welchen Radius hätte der Becher, wenn er 3 cm hoch wäre?

_____

4 Svenja badet in ihrem Planschbecken, welches einen
Durchmesser von 3 m hat.

a) Die Wandhöhe des Planschbeckens beträgt 60 cm.
Wie viel Liter Wasser passen maximal hinein?

_____

b) Svenja hat den Stöpsel ihres Planschbeckens herausgezogen. Als es ihre Mutter be-
merkt, sind schon 2 000 000 cm³ Wasser herausgeflossen.
Wie viel Liter Wasser sind das?

_____

5 Wie hoch stehen 120 Liter Wasser in einem zylindrischen Wasserfass, das einen Durchmesser von 80 cm hat?

_____

Marco Bettner/Erik Dinges: Grundwissen Körperberechnungen – 6.–10. Klasse
© Persen Verlag

1 Kreuze die richtigen Aussagen an. Du kannst hierzu auch beliebige Zahlen in die Formel zur Volumenberechnung des Zylinders einsetzen und ausprobieren.

○ Verdoppelt sich die Körperhöhe, so verdoppelt sich auch das Volumen des Zylinders.

○ Verdoppelt sich die Körperhöhe, so vervierfacht sich das Volumen des Zylinders.

○ Verdoppelt sich der Radius, so verdoppelt sich auch das Volumen des Zylinders.

○ Verdoppelt sich der Radius, so vervierfacht sich das Volumen des Zylinders.

2 Berechne die fehlenden Komponenten (r oder h) des Zylinders.

a) $r = 5$ cm; $V = 460$ cm^3

b) $r = 17$ dm; $V = 20\,871{,}58$ dm^3

c) $h = 589$ mm; $V = 110\,109\,480{,}6$ mm^3

d) $h = 0{,}3$ cm; $V = 0{,}2355$ cm^3

e) $d = 0{,}8$ m; $V = 0{,}35168$ m^3

f) $r = 50$ mm; $V = 314$ cm^3

3 Eine zylinderförmige Verpackung hat ein Volumen von 340 cm^3 und einen Radius von 6 cm. Wie hoch ist die Verpackung?

4 Ein zylinderförmiges Werkstück wiegt 1,6 kg. Das Material wiegt 10 g pro cm^3. Welchen Radius hat das Werkstück, wenn die Körperhöhe 5,5 cm beträgt?

5 Im dargestellten Zylinder werden 50 Liter Wasser eingefüllt.

a) Wie hoch steht das Wasser im Behälter?

b) Wie viel Liter fasst das Gefäß insgesamt?

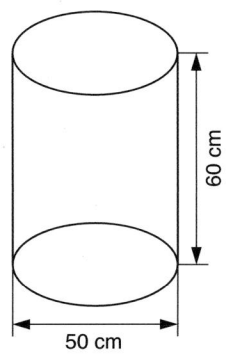

6 Ein Zylinder besitzt einen Radius von 20 cm. Das Volumen des Zylinders ist genauso groß wie das Volumen des abgebildeten Quaders. Wie hoch ist der Zylinder?

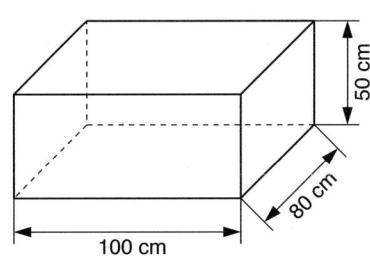

 **Volumen (3)**

1 Bestimme die Volumenformel für den Zylinder schrittweise.

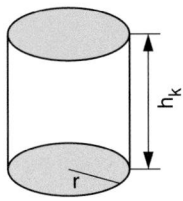

a) Notiere die Formel für die Größe der Grundflächen des Zylinders (G_Z) in Abhängigkeit von r:

$G_Z =$ _____

b) Notiere die Volumenformel für den Zylinder (V_Z), wenn die allgemeine Formel $V = G \cdot h$ gilt.

$V_Z =$ _____

2 Berechne das jeweilige Zylindervolumen (V_Z).

a) $r = 4$ cm; $h_k = 7$ cm

b) $r = 41$ cm; $h_k = 18$ cm

c) $d = 144$ mm; $h_k = 205$ mm

d) $r = 0{,}2508$ dm; $h_k = 0{,}95$ dm

e) $r = 12{,}56$ dm; $h_k = 1\,800$ cm

f) $r = \frac{3}{4}$ m; $h_k = \frac{3}{5}$ m

g) $d = 462$ dm; $h_k = 50$ m

h) $r = 145{,}89$ mm; $h_k = 99{,}99$ mm

3 Eine zylinderförmige Tonne hat einen Durchmesser von 60 cm und eine Körperhöhe von 1,40 m. Wie groß ist das Volumen der Tonne?

4 Gib die Formel für das Zylindervolumen auch in Abhängigkeit vom Durchmesser d an.

$V_Z =$ _____

5 Ein Rundstahl hat einen Durchmesser von 140 mm und ist 6,80 m lang. 1 m^3 des Stahls wiegt 7,9 t. Wie schwer ist ein Bund, bestehend aus 20 Stück?

6 Berechne das Volumen

a)

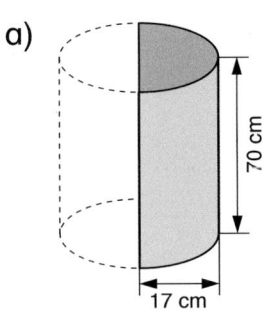

70 cm

17 cm

b)

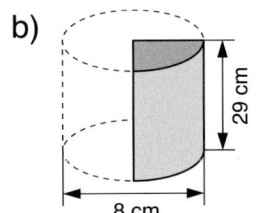

29 cm

8 cm

① Herr Mohr möchte zwei Betonpfeiler in Form eines Zylinders gießen.
Die Zylinder sollen 3,20 m hoch werden und einen Durchmesser von 40 cm besitzen.

    a) Wie viel m³ Beton muss er bestellen? _____

    b) Herr Mohr möchte die Pfeiler später noch anmalen.

       Für wie viel m² benötigt er Farbe? _____

② Berechne die fehlenden Angaben.

    a) r = 7 cm; h = 8 cm   b) r = 19,5 cm; h = 20,5 cm

       O_Z = _____ O_Z = _____

       V_Z = _____ V_Z = _____

    c) r = 13,6 cm; h = 12,5 cm   d) d = 193 mm; h = 281 mm

       O_Z = _____ O_Z = _____

       V_Z = _____ V_Z = _____

    e) d = 14 cm; V_Z = 1244 cm   f) r = 23,7 dm; V_Z = 1032 cm

       O_Z = _____ O_Z = _____

③ Ein großer Mühlstein (Durchmesser: 2,20 m; Stärke: 62 cm;
Lochdurchmesser: 25 cm) soll mit einem Kran verladen werden.
Wie schwer ist der Mühlstein?
(Es gilt: Dichte = 2,6 $\frac{g}{cm^3}$).

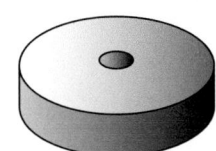

_____

Info

Dichte

Die Dichte gibt das spezifische Gewicht eines Stoffes im Verhältnis zum Volumen
an. Oft wird die Dichte in $\frac{g}{cm^3}$ (gelesen: Gramm pro Kubikzentimeter) angegeben.
Die Dichte von Wasser beträgt beispielsweise etwa 1 $\frac{kg}{l}$ bzw. 1 $\frac{g}{cm^3}$.

Marco Bettner/Erik Dinges: Grundwissen Körperberechnungen – 6.–10. Klasse
© Persen Verlag

Name: _____ **Datum:** _____

① Der Mantel einer Konservendose (r = 4 cm; h = 12 cm) soll mit Papier beklebt werden. Welche Maße muss das Papier haben?

② Berechne die fehlenden Angaben und trage sie in die Tabelle ein.

Zylinder	a)	b)	c)	d)	e)
Radius r	6 cm	13,7 cm	5 cm	10,8 dm	29 m
Höhe h	9 cm	24,5 cm			
Oberfläche O_Z					5 648,58 m^2
Volumen V_Z			525 cm^3	10 023 dm^3	

③ Auf der Abbildung ist eine Regenwasserzisterne dargestellt. Der Durchmesser beträgt 2 m. Die Zisterne soll 5 700 Liter fassen. Wie tief muss das Loch im Boden sein, damit die Zisterne ebenerdig hineingesetzt werden kann?

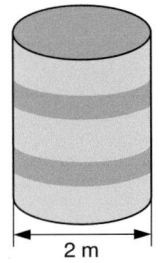

2 m

④ Aus einem Steinbruch sollen drei gemeißelte Sandsteinsäulen abtransportiert werden. Ihr Durchmesser beträgt 50 cm und sie sind 1,20 m hoch. Der Sandstein hat ein Gewicht von 2,3 g pro cm^3.
Kann ein LKW, der mit 1,8 t beladen werden darf, alle Sandsteinsäulen gemeinsam wegfahren?

⑤ Das im Querschnitt dargestellte Rohr ist 180 cm lang. Wie schwer ist das Rohr wenn 1 cm^3 Eisen 8 g wiegt?

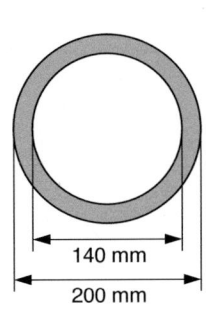

140 mm
200 mm

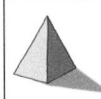

1 a) Wie viele Flächen besitzt eine quadratische Pyramide? _____ Flächen

b) Wie viele Kanten hat eine quadratische Pyramide? _____ Kanten

c) Wie viele Ecken hat eine quadratische Pyramide? _____ Ecken

d) Welche Flächen sind bei einer quadratischen Pyramide gleich?

_____

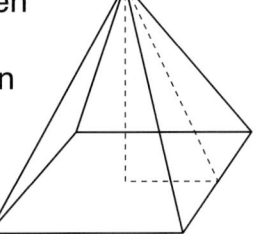

e) Um welche speziellen Dreiecke handelt es sich bei den Seitenflächen?

_____

2 Notiere die unteren Begriffe an die richtige Stelle der obigen Pyramidenabbildung.

Mantelfläche, Grundfläche, Körperhöhe h_k, Höhe der Seitenflächen h_s

3 Welche Gegenstände aus deiner Umwelt haben die Form einer Pyramide? Nenne mindestens 3 Gegenstände.

_____

4 Kreuze die Netze an, aus denen man eine Pyramide bauen kann.

a)

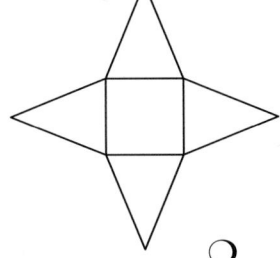

○

b)

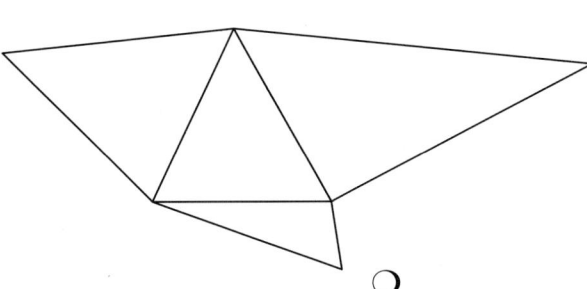

○

c)

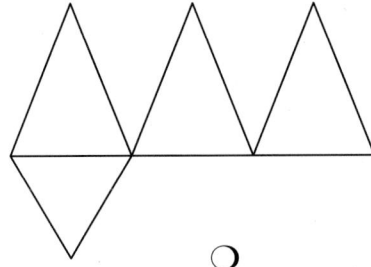

○

d)

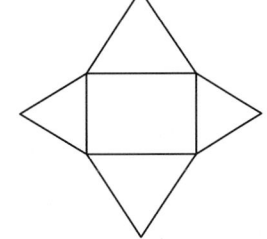

○

Marco Bettner/Erik Dinges: Grundwissen Körperberechnungen – 6.–10. Klasse
© Persen Verlag

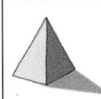

1 Betrachte das rechts abgebildete Netz einer quadratischen Pyramide.

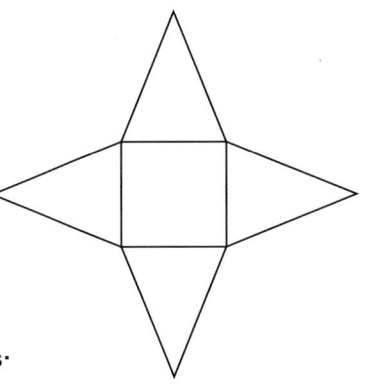

a) Beschrifte das Netz mit folgenden Begriffen bzw. zeichne diese ein:

Grundkantenlänge a, Seitenhöhe h_s

b) Notiere eine Formel zur Oberflächenberechnung der quadratischen Pyramide (O_P) in Abhängigkeit von a und von h_s.

$O_P =$ _____

2 Berechne die Oberfläche der jeweiligen Pyramide.

a) $a = 13$ cm; $h_s = 17$ cm

b) $a = 68$ mm; $h_s = 10$ mm

c) $a = 5{,}7$ dm; $h_s = 9{,}1$ dm

3 Berechne die gesuchte Größe in der quadratischen Pyramide. Die nebenstehende Zeichnung hilft dir.

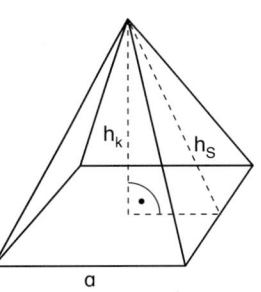

a) $a = 8$ cm; $h_k = 10$ cm; gesucht: h_s

b) $a = 19$ cm; $h_s = 34$ cm; gesucht: h_k

4 Berechne die Oberfläche der quadratischen Pyramiden.

a)

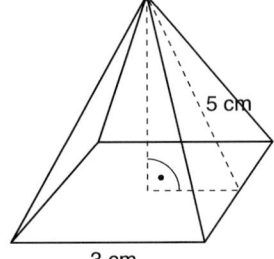

5 cm

3 cm

b)

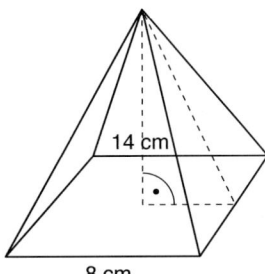

14 cm

8 cm

c)

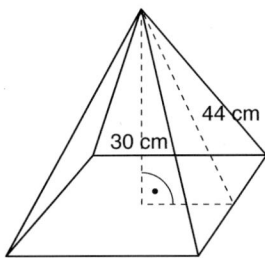

44 cm

30 cm

5 Der quadratische Turm einer Kirche soll ein pyramidenförmiges Dach erhalten. Um wie viel Quadratmeter Dachfläche handelt es sich?

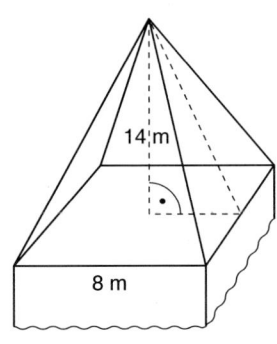

14 m

8 m

Marco Bettner/Erik Dinges: Grundwissen Körperberechnungen – 6.–10. Klasse
© Persen Verlag

1 Berechne die gesuchte(n) Größe(n) der quadratischen Pyramide.

a) $a = 22$ cm; $h_s = 30$ cm; gesucht: h_k und O_P b) $a = 3$ dm; $O_P = 51$ dm^2; gesucht: h_s

c) $h_s = 3,6$ cm; $O_P = 19,53$ cm^2; gesucht: a d) $h_s = 117$ m; $O_P = 34\,668$ m^2; gesucht: a

2 Berechne die Oberfläche der Pyramide mit rechteckiger Grundfläche.
Tipp: Diese Pyramide hat zwei verschiedene Seitenhöhen h_a und h_b (siehe Zeichnung).

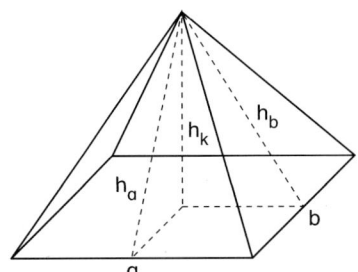

a) $a = 5$ cm; $b = 4$ cm; $h_a = 4,47$ cm; $h_b = 8,38$ cm

b) $a = 6$ cm; $b = 8$ cm; $h_k = 10$ cm

3 Eine Pyramide, die aus vier gleichgroßen gleichseitigen Dreiecken besteht, wird auch als *Tetraeder* bezeichnet. Berechne die Oberfläche des Tetraeders für $a = 6$ cm.

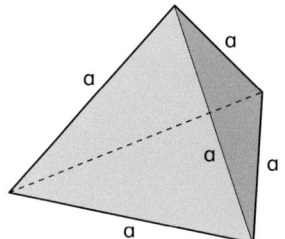

4 Die Cheopspyramide gehört zu den 7 Weltwundern der Antike. Sie war ursprünglich 145 m hoch und die Seitenlänge der quadratischen Grundfläche betrug 230 m.

a) Berechne die Mantelfläche der Pyramide.

b) Ein Sportplatz hat im Schnitt eine Fläche von ca. 7 000 m^2. Wie viele Sportplätze passen in die Mantelfläche der Pyramide?

5 Einem Kegel mit $r = 10$ cm und $h_k = 40$ cm wurde eine Pyramide mit quadratischer Grundfläche einbeschrieben (siehe Skizze). Berechne die Oberfläche der Pyramide.

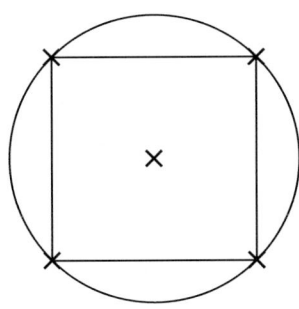

Marco Bettner/Erik Dinges: Grundwissen Körperberechnungen – 6.–10. Klasse
© Persen Verlag

1 Die Grundfläche und die Höhe des Würfels und der quadratischen Pyramide sind gleich.
Schätze: Wie oft muss die Pyramide mit Wasser gefüllt werden, um damit den Würfel komplett zu füllen?

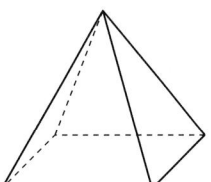 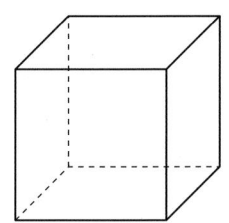

_____

2 Betrachte dein Ergebnis aus Aufgabe 1 und notiere für das Volumen der quadratischen Pyramide (V_P) in Abhängigkeit von deren Grundkantenlänge a und dessen Höhe h eine Formel.

$V_P =$ _____

3 Berechne das Volumen der quadratischen Pyramide.

a) $a = 10$ cm; $h_k = 18$ cm   b) $a = 5,7$ m; $h_k = 7,1$ m   c) $a = 122$ mm; $h_k = 174$ mm

4 Berechne das Volumen der quadratischen Pyramide. Achtung: Bei manchen Aufgaben musst du zunächst die Körperhöhe h_k berechnen.
Tipp: Der Satz des Pythagoras hilft dir hier weiter.

a)
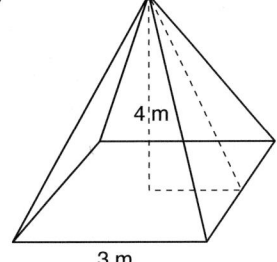
4 m
3 m

b)
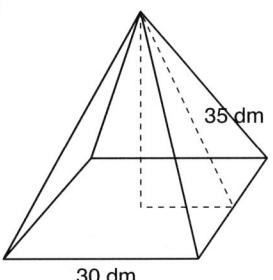
35 dm
30 dm

c)
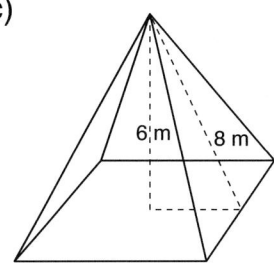
6 m   8 m

5 Ein quadratischer Turm hat ein pyramidenförmiges Dach. Berechne das Dachvolumen, wenn $a = 6$ m und $h_k = 8$ m groß ist.

1 Die Cheopspyramide war ursprünglich 145 m hoch und die Seitenlänge der quadratischen Grundfläche betrug 230 m.

a) Berechne das Volumen der Pyramide.

b) Heute ist die Grundseite nur noch 228 m lang und die Höhe beträgt nur noch 136 m. Um wie viel Prozent wurde das Ursprungsvolumen reduziert?

2 Berechne die gesuchte Größe der quadratischen Pyramide.

a) $a = 5$ cm; $h_k = 18$ cm;
gesucht: V_P

b) $a = 23$ cm; $V_P = 4\,408,33$ cm^3;
gesucht: h_k

c) $h_k = 44$ dm; $V_P = 10\,900,21$ dm^3;
gesucht: a

d) $a = 0,5$ m; $V_P = 0,058$ m^3;
gesucht: h_k

3 Was passiert mit dem Pyramidenvolumen, wenn sich

a) die Körperhöhe h_k verdoppelt?

_____

b) Die Grundseite a verdoppelt?

_____

c) Die Grundseite a verdreifacht?

_____

4 Berechne das Volumen der abgebildeten rechteckigen Pyramide.

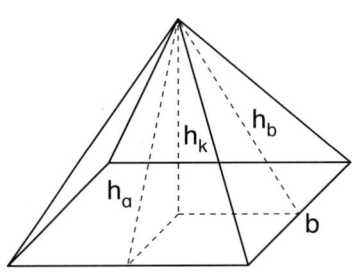

a) $a = 44$ cm; $b = 36$ cm; $h_k = 50$ cm

b) $a = 147$ mm; $b = 238$ mm; $h_a = 250$ mm

5 Eine Pyramide, die aus vier gleich großen gleichseitigen Dreiecken besteht, wird auch als Tetraeder bezeichnet. Berechne das Volumen des Tetraeders für $a = 8$ cm.

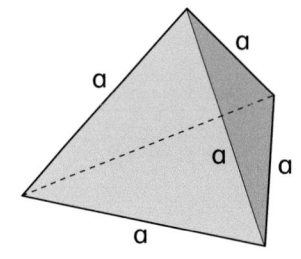

Name: _____ **Datum:** _____

1 Berechne die fehlenden Angaben der quadratischen Pyramide und trage sie in die Tabelle ein.

	a)	b)	c)	d)	e)
a	17 cm	30 dm		24 mm	105 cm
h_S	25 cm		14 m		
h_K		40 dm	10 m		
O_P				3 503 mm²	
V_P					366 666,67 cm³

2 Berechne das Volumen und die Oberfläche der zusammengesetzten Körper (Maße in cm).

a)

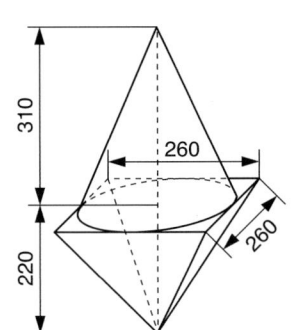

b)

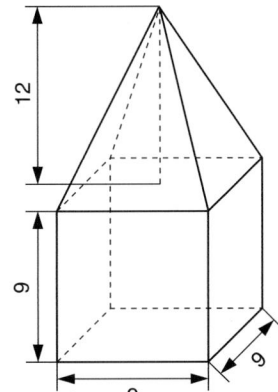

3 Ein Zeltdach hat die Form einer quadratischen Pyramide dessen Grundkante a = 3,6 m und dessen Seitenhöhe h_s = 11,5 m beträgt.

   a) Wie viel m³ Kupferblech braucht der Dachdecker zur Bedeckung dieses Daches, wenn mit einem Verschnitt von 7 % gerechnet werden muss?

   b) Für 1 m³ Bedachung müssen für Material und Arbeitslohn 185 € gezahlt werden. Berechne den Endpreis.

   c) Wie groß ist das Volumen des Daches?

4 Eine quadratische Pyramide ist 10 m hoch. Die Diagonalenlänge der Grundseite beträgt 6 m (siehe Zeichnung). Berechne das Volumen und die Oberfläche der Pyramide.

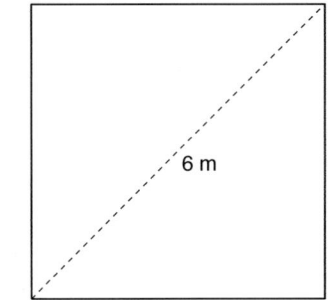

Marco Bettner/Erik Dinges: Grundwissen Körperberechnungen – 6.–10. Klasse
© Persen Verlag

① Auf dem unteren Teil des Arbeitsblattes findest du einige Netze. Welche der dargestellten Netze sind Netze eines Kegels? Kreuze entsprechend an.
Tipp: Du kannst auch die Netze ausschneiden und versuchen, diese zusammenzubauen.

② Beschrifte die abgebildete Kegelfigur.
Mantellinie s, Mantelfläche, Grundfläche, Radius, Körperhöhe h_k

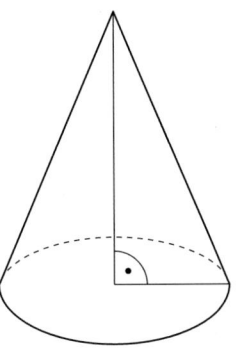

③ Betrachte die Lösungen von Aufgabe 1. Inwiefern besteht ein Zusammenhang zwischen dem Umfang der Grundfläche und dem Umfang des Mantelbogens?
Begründe deine Entscheidung.

_____

_____

④ Welche Gegenstände aus deiner Umwelt haben die Form eines Kegels?
Nenne mindestens 3 Gegenstände.

_____

_____

a)

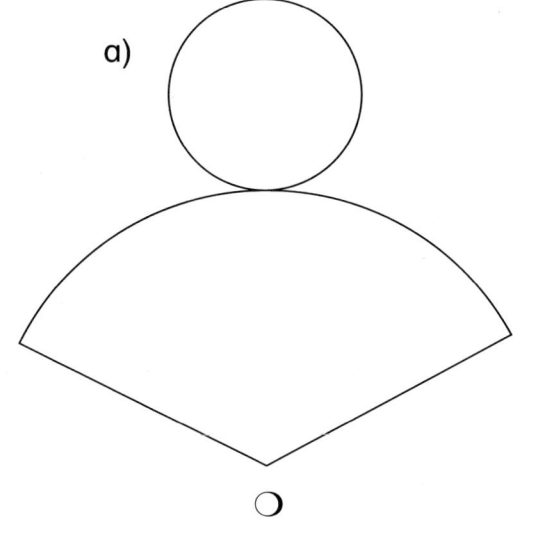

○

b)

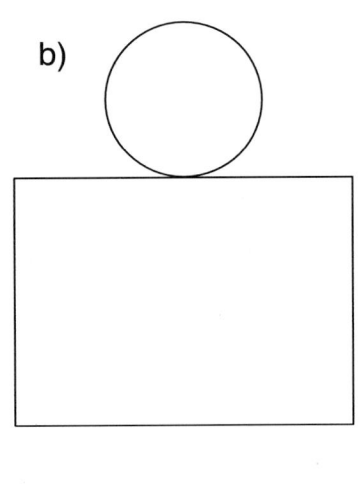

○

c)

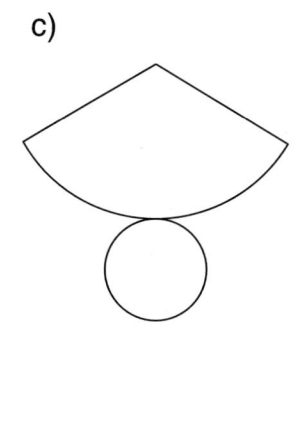

○

1 Notiere eine Formel zur Oberflächenberechnung (O_K) des Kegels in Abhängigkeit vom Radius r und von der Mantellinie s. Die unteren 3 Bilder helfen dir.

(1)
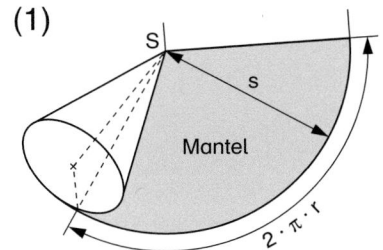

(2)
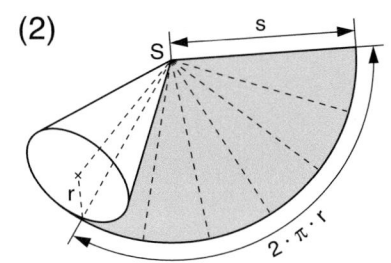

(3)
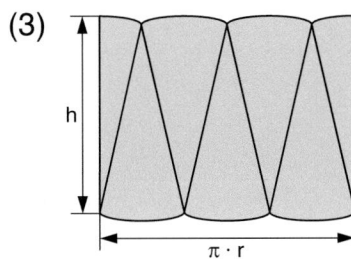

$O_K =$ _____

2 Berechne die Oberfläche der jeweiligen Kegel.

a) r = 15 cm; s = 25 cm   b) r = 7 cm; s = 21 cm   c) d = 140 dm; s = 140 dm

3 Berechne die Oberfläche der Kegel (Maße in cm).
Achtung: Bei manchen Aufgaben musst du zunächst die Länge der Mantellinie s berechnen. Der Satz des Pythagoras hilft dir hier weiter.

a)
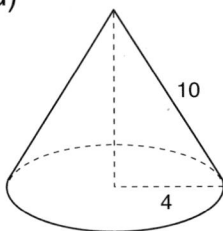
10
4

b)
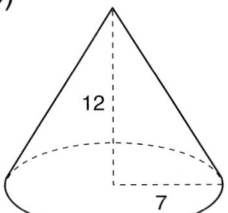
12
7

c)
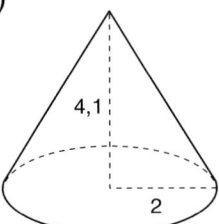
4,1
2

4 Auf einem kegelförmigen Kirchturm soll das Dach neu gedeckt werden. Der Kirchturm hat einen Durchmesser von 5 m, die Dachsparren sind 8 m lang.

a) Wie groß ist die Dachfläche?

b) Die Firma berechnet für einen Quadratmeter Dachfläche 132 €. Wie viel Euro muss die Kirchengemeinde bezahlen, wenn noch 19 % Mehrwertssteuer hinzugerechnet werden müssen?

1 Ein Sandhaufen hat folgende Maße: d = 1,40 m;
h_k (Körperhöhe) = 3,80 m.
Wie groß muss die Plane mindestens sein, um den
Sandhaufen abzudecken?

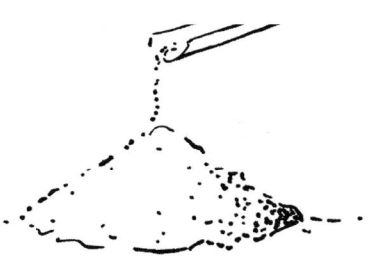

2 Berechne die gesuchte Größe des Kegels.

a) r = 2 cm; O_K = 141,6 cm²; gesucht: s   b) r = 35 mm; O_K = 6 722,79 mm²; gesucht: s

c) r = 1,84 cm; O_K = 25,93 cm²; gesucht: s   d) s = 47 cm; r = 12 cm; gesucht: O_K

3 Kreuze die Oberflächengröße des Kegels ohne schriftliche Berechnung an.

a) r = 4 cm; s = 8 cm   b) r = 10 cm; s = 30 cm

   ○ 150,7 cm²   ○ 2 405,63 cm²

   ○ 24,34 cm²   ○ 578,63 cm²

   ○ 527,4 cm²   ○ 1 256,63 cm²

4 Berechne die Oberfläche der dargestellten Figuren.

a)

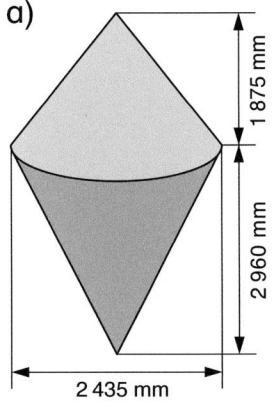

1 875 mm
2 960 mm
2 435 mm

b)

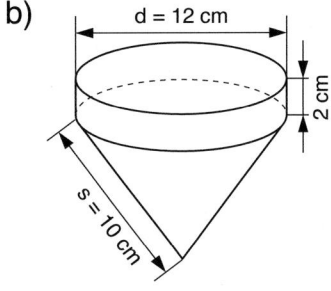

d = 12 cm
2 cm
s = 10 cm

5 Bei einem Kegel mit r = 8 cm ist die Mantellinie doppelt so lang wie der Radius.

a) Wie groß ist die Mantelfläche?

b) Wie groß ist die Oberfläche des Kegels?

c) Wie lang ist die Mantellinie?

1 Nachdem der abgebildete Kegel mit Wasser gefüllt wurde, ist dessen Inhalt in den Zylinder geschüttet worden. Dieser Vorgang musste insgesamt dreimal durchgeführt werden, um den Zylinder komplett zu füllen. Notiere eine Formel für das Volumen des Kegels (V_K) in Abhängigkeit von dessen Radius r und dessen Höhe h_k.

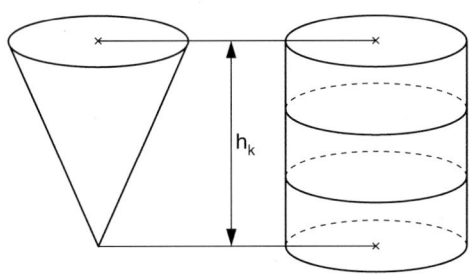

$V_K = $ _____

2 Berechne das Kegelvolumen.

a) r = 8 cm; h_k = 14 cm   b) r = 40 mm; h_k = 50 mm   c) d = 44 cm; h_k = 50 cm

3 Ein kegelförmiges Trinkglas hat einen Durchmesser von 7 cm und eine Höhe von 12 cm. Wie groß ist das Fassungsvermögen des Glases?

4 Ein kegelförmiger Sandhaufen ist 1,50 m hoch und hat einen Durchmesser von 1,30 m. Wie viel m³ Sand sind es?

5 Berechne das Kegelvolumen (Maße in cm).
Achtung: Bei manchen Aufgaben musst du zunächst die Körperhöhe h_k berechnen. Der Satz des Pythagoras hilft dir hier weiter.

a)
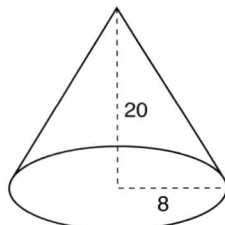
20
8

b)
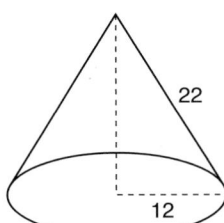
22
12

c)
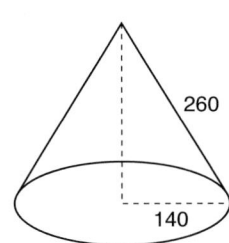
260
140

6 Ein kegelförmiges Werkstück aus Eisen besitzt einen Durchmesser von 80 mm. Die Mantellinie ist 130 mm lang. Wie schwer ist das Werkstück, wenn 1 cm³ Eisen 7,7 g schwer ist?

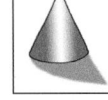
1 Berechne die gesuchte Größe des Kegels.

a) $r = 19$ cm; $V_K = 34\,006,2$ cm^3; gesucht: h_k b) $d = 100$ mm; $V_K = 628\,000$ mm^3; gesucht: h_k

c) $r = 11$ dm; $V_K = 9\,118,56$ dm^3; gesucht: s d) $r = 3,8$ m; $V_K = 226,71$ m^3; gesucht: O_K

2 Kreuze die Volumengröße des Kegels ohne schriftliche Berechnung an.

   a) $r = 5$ cm; $h_k = 7$ cm

      ○ 906,2 cm^3

      ○ 549,2 cm^3

      ○ 183,2 cm^3

   b) $r = 10$ cm; $h_k = 20$ cm

      ○ 18 740,4 cm^3

      ○ 2 094,4 cm^3

      ○ 6 280,4 cm^3

3 Was passiert mit dem Kegelvolumen, wenn sich

   a) die Körperhöhe h_k verdoppelt?

   _____

   b) der Radius r verdoppelt?

   _____

   c) der Radius r verdreifacht?

   _____

4 In verschiedene Holzwerkstücke (Maße in cm) werden kegelförmige Hohlräume herausgefräst. Berechne das Volumen der Restkörper.

a)

b)

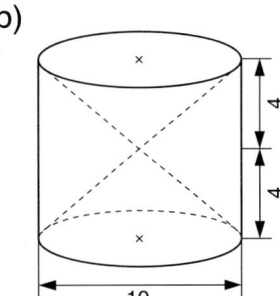

Marco Bettner/Erik Dinges: Grundwissen Körperberechnungen – 6.–10. Klasse
© Persen Verlag

Name: _____   **Datum:** _____

1 Berechne die fehlenden Angaben und trage sie in die Tabelle ein.

Kegel	a)	b)	c)	d)	e)
Radius r	7 cm		150 mm	10 cm	
Durchmesser d		20 dm			5,20 m
Mantellinie s	13 cm		260 mm		
Körperhöhe h_K		18 dm			
Oberfläche O_K				853,98 cm^2	
Volumen V_K					106,19 m^3

2 Yanniks Mutter möchte zur Einschulung ihres Sohnes eine Schultüte aus Pappe basteln. Die Schultüte soll einen Durchmesser von 34 cm haben und die Mantellinie der Tüte soll 90 cm lang sein. Für den Verschnitt und für die Klebefalze sollen 9 % hinzugerechnet werden. Wie groß muss die benötigte Pappfläche sein?

3 Der Würfel besitzt eine Kantenlänge von 10 cm. Dies entspricht auch dem Durchmesser und der Körperhöhe des Kegels.

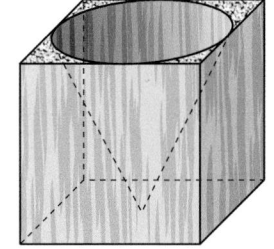

a) Wie groß ist die Oberfläche der dargestellten Figur?

b) Wie groß ist das Fassungsvermögen des Kegels?

4 Ein Kegel aus Messing (Dichte: 8,6 $\frac{g}{cm^3}$) ist 30 cm hoch und besitzt einen Durchmesser von 14 cm. Wie schwer ist der Kegel?

5 Wenn man die abgebildete Fläche um die Achse dreht, entsteht ein Drehkörper. Berechne das Volumen und die Oberfläche des Drehkörpers.

a)

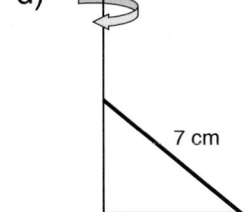

7 cm

3 cm

b)

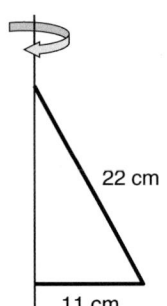

22 cm

11 cm

Marco Bettner/Erik Dinges: Grundwissen Körperberechnungen – 6.–10. Klasse
© Persen Verlag

 **Eigenschaften**

1 Wenn man eine Fläche um eine Achse dreht, entsteht ein Drehkörper. Bei welcher Fläche entsteht eine Kugel? Kreuze entsprechend an.

a)

b)

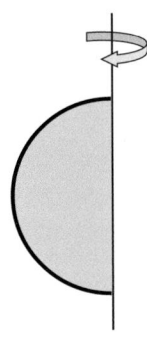

c)

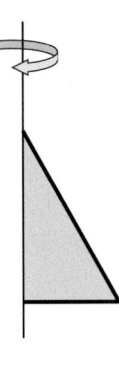

○   ○   ○

2 Welche Gegenstände aus deiner Umwelt haben die Form einer Kugel?
Nenne mindestens 5 Gegenstände.

_____

_____

3 Ein Kreis ist wie folgt definiert: Ort aller Punkte in der Ebene, die zu einem festen Punkt M (Mittelpunkt) den gleichen Abstand r (Radius) besitzen.
Versuche, für die Kugel eine entsprechende Definition zu notieren.

_____

_____

4 Setze bzw. zeichne die Begriffe zur Kugel an die richtige Stelle in der Abbildung.

Mittelpunkt   *Radius*   *Durchmesser*

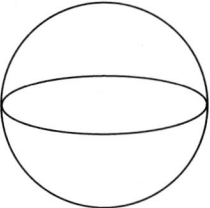

1 Die nebenstehende Kugel hat eine Oberflächengröße von 201,06 cm². Welche der unten abgebildeten Formeln für die Oberflächengröße O_{Ku} in Abhängigkeit vom Radius r ist richtig? Kreuze an.

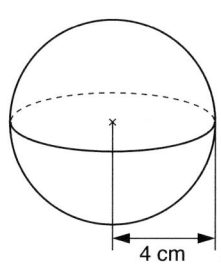

○ $O_{Ku} = 2\,\pi\,r^2$ ○ $O_{Ku} = 4\,\pi\,r^3$ ○ $O_{Ku} = 4\,\pi\,r^2$ ○ $O_{Ku} = 4\,\pi\,r$

2 Berechne die Oberfläche der jeweiligen Kugel.

a) r = 6 cm   b) r = 150 mm   c) d = 3 m   d) d = 5,6 dm

3 Berechne die Oberfläche der Kugel.

a)
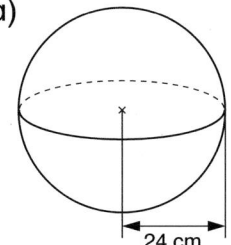
24 cm

b)
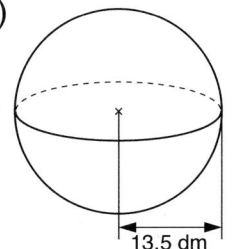
13,5 dm

c)
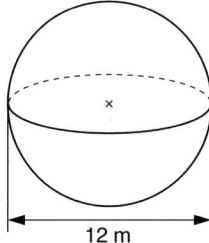
12 m

d)
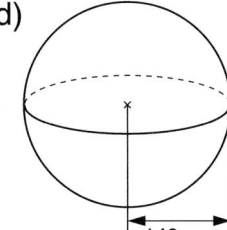
140 cm

e)
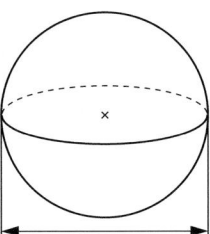
1,3 cm

f)
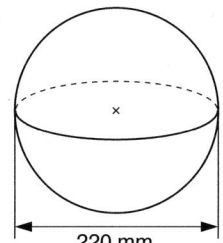
220 mm

4 Wie viel m² Leder benötigt man für einen Fußball, der einen Durchmesser von 24 cm besitzt? Gehe von einem Verschnitt von 8 % aus.

5 Ein Handball hat einen Umfang von 55 cm. Wie viel cm² Leder werden für den Handball benötigt, wenn man von einem Verschnitt von 8 % ausgeht?

6 Die menschliche Lunge enthält ca. 400 Millionen kugelförmige Lungenbläschen. Ein Lungenbläschen besitzt einen Durchmesser von 0,2 mm. Wie groß ist die Oberfläche aller Lungenbläschen?

Marco Bettner/Erik Dinges: Grundwissen Körperberechnungen – 6.–10. Klasse
© Persen Verlag

1 Wie viel m² Stoff benötigt man ungefähr für die Hülle eines Heißluftballons mit d = 14 m?

2 Berechne die gesuchte Größe der Kugel.

a) r = 17 cm; gesucht: O_{Ku} (Oberfläche Kugel)

b) O_{Ku} = 5 024 mm²; gesucht: r

c) O_{Ku} = 180 864 cm²; gesucht: d

d) O_{Ku} = 181,37 cm²; gesucht: d

3 Kreuze die Oberflächengröße der Kugel ohne schriftliche Berechnung an.

a) r = 5 cm

- ○ 50 cm²
- ○ 100 cm²
- ○ 314 cm²

b) r = 100 cm

- ○ 125 600 cm²
- ○ 250 000 cm²
- ○ 9 000 cm²

4 Notiere eine Formel für die Oberfläche der Kugel in Abhängigkeit vom Durchmesser d.

O_{Ku} = _____

5 Ein Würfel hat die Kantenlänge 16 cm. Aus ihm soll eine möglichst große Kugel hergestellt werden. Berechne die maximal mögliche Oberflächengröße der Kugel.

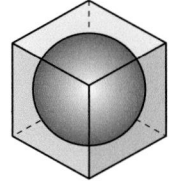

6 Angegeben sind die Radien einzelner Himmelskörper. Berechne deren Oberfläche.

a) Mond: r = 1 700 km

O = _____

b) Venus: r = 6 200 km

O = _____

c) Saturn: r = 60 400 km

O = _____

7 Berechne die Oberfläche der abgebildeten Körper (Maße in cm).

a)

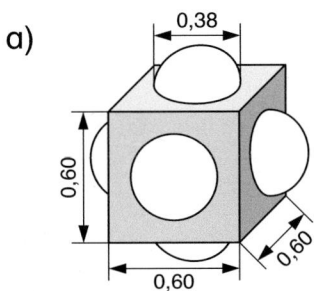

0,38

0,60

0,60

0,60

b)

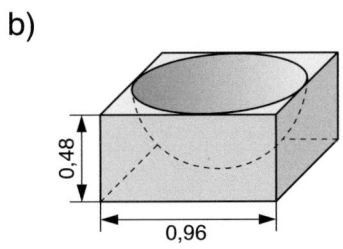

0,48

0,96

Marco Bettner/Erik Dinges: Grundwissen Körperberechnungen – 6.–10. Klasse
© Persen Verlag

① Das Volumen der Halbkugel ist doppelt so groß wie das Volumen des dargestellten Kegels.
Notiere eine Formel für das Kugelvolumen (V_{Ku}) in Abhängigkeit vom Radius r.

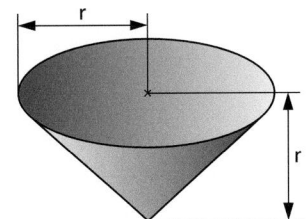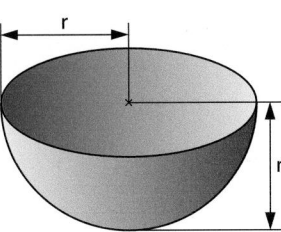

$V_{Ku} =$ _____

② Berechne das Volumen der verschiedenen Kugeln.

a) r = 8 cm   b) r = 23 dm   c) d = 140 mm   d) d = 420 cm

e) 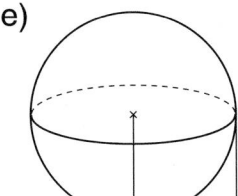   f) 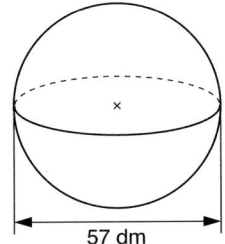   g)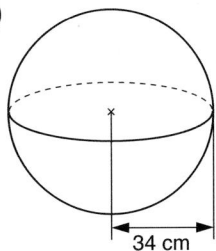

3,8 cm   57 dm   34 cm

③ Eine Kugel aus Gusseisen (Dichte = 7,25 $\frac{g}{cm^3}$) hat einen Durchmesser von 13 cm. Wie schwer ist die Kugel?

Info

Dichte

Die Dichte gibt das spezifische Gewicht eines Stoffes im Verhältnis zum Volumen an. Oft wird die Dichte in $\frac{g}{cm^3}$ (gelesen: Gramm pro Kubikzentimeter) angegeben.
Die Dichte von Wasser beträgt beispielsweise etwa 1 $\frac{kg}{l}$ bzw. 1 $\frac{g}{cm^3}$.

④ Eine Schöpfkelle hat einen Innendurchmesser von 20 cm. Wie groß ist das Volumen der Kelle?

⑤ Ein Fußball hat einen Durchmesser von 22 cm. Wie groß ist sein Volumen?

1 Berechne die gesuchte Größe der Kugel.

    a) $r = 7$ cm; gesucht: V_{Ku} (Volumen Kugel)   b) $V_{Ku} = 4\,186{,}67$ cm³; gesucht: r

    c) $V_{Ku} = 0{,}52$ dm³; gesucht: d   d) $V_{Ku} = 5\,572\,453{,}33$ mm³; gesucht: r

2 Kreuze die Volumengröße der Kugel ohne schriftliche Berechnung an.

    a) $r = 2$ cm   b) $r = 100$ cm

        ○ 3,6 cm³   ○ 4 188 790,21 cm³
        ○ 12,4 cm³   ○ 120 000 cm³
        ○ 33,5 cm³   ○ 10 000 000 cm³

3 Was passiert mit dem Kugelvolumen, wenn sich

    a) der Radius r verdoppelt?

    _____

    b) der Radius r verdreifacht?

    _____

4 Die einzelnen Kugeln des Atomiums in Brüssel haben einen Durchmesser
    von 18 m.

    a) Aus wie vielen Kugeln besteht das Atomium insgesamt?

    b) Wie groß ist das Gesamtvolumen aller Kugeln?

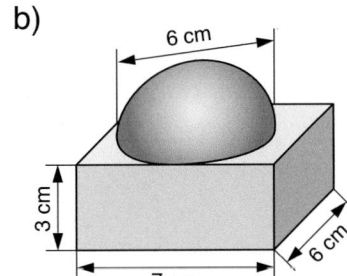

5 Berechne das Volumen der abgebildeten Körper.

    a)   b)

 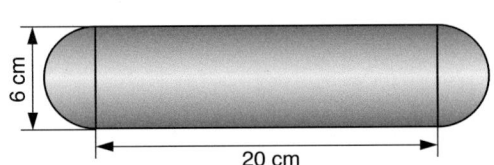

Name: _____   **Datum:** _____

1 Berechne die fehlenden Angaben und trage sie in die Tabelle ein.

Kugel	a)	b)	c)	d)	e)
Radius r	11 cm				
Durchmesser d		40 dm			
Oberfläche O_{Ku}			10 562,96 dm²		
Volumen V_{Ku}				0,52 m³	3,9 m³

2 Eine Hohlkugel aus Gusseisen (Dichte = 7,3 $\frac{g}{cm^3}$) hat einen Innenradius von 8 cm und einen Außenradius von 12 cm.
Wie schwer ist die Hohlkugel?

3 a) Berechne die Oberfläche und das Volumen der jeweiligen Planeten.

b) Wievielmal ist das Volumen der Erde größer als das Volumen des Planeten Pluto?

c) Wievielmal ist die Oberfläche der Sonne größer als das der Erde?

 Durchmesser Pluto: 3 500 km

 Durchmesser Erde: 12 700 km

 Durchmesser Sonne: 700 000 km

4 Zwei gleich große Kugeln mit je 8 cm Durchmesser werden zu einer Kugel umgeschmolzen.

a) Berechne den Durchmesser der neuen Kugel.

b) Um wie viel Prozent ist der neue Durchmesser größer als der alte Durchmesser von 8 cm?

5 Ein großer strahlförmiger Behälter hat ein Volumen von 10 000 m³. Wie viel Quadratmeter Stahlblech werden für die Kugelwand benötigt, wenn mit einem Verschnitt von 10 % gerechnet werden muss?

6 Du bist im Besitz einer geschälten Apfelsine mit einem Durchmesser von 9 cm. Ein Freund bietet dir an, diese Apfelsine gegen 2 Apfelsinen mit dem Durchmesser von d = 6 cm zu tauschen. Würdest du dich auf diesen Handel einlassen, wenn es dir um die Menge geht?

Würfel

Ein Würfel wird von **sechs gleich großen Quadraten** begrenzt.

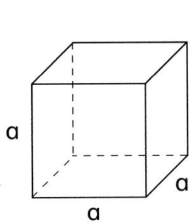 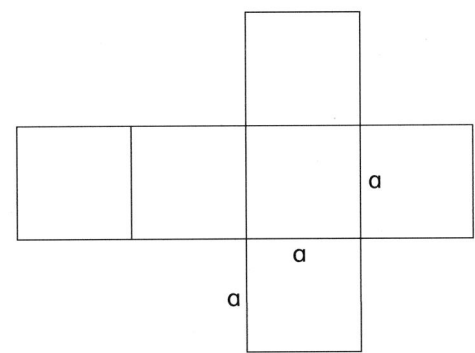

$$Q_W = 6 \cdot a^2 \qquad V_W = a^3$$

Quader

Ein Quader setzt sich aus **6 Rechtecken** zusammen.
Die gegenüberliegenden Rechtecke sind **deckungsgleich (kongruent)**.

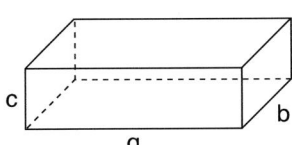

$$Q_Q = 2 \cdot a \cdot b + 2 \cdot b \cdot c + 2 \cdot a \cdot c \qquad V_Q = a \cdot b \cdot c$$
$$ = 2 (a \cdot b + b \cdot c + a \cdot c)$$

Prisma

Bei einem Prisma sind die Grundflächen G zwei **zueinander parallele und deckungsgleiche Vielecke**. Bei geraden Prismen ist die Mantelfläche M ein Rechteck.

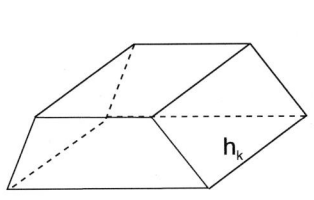 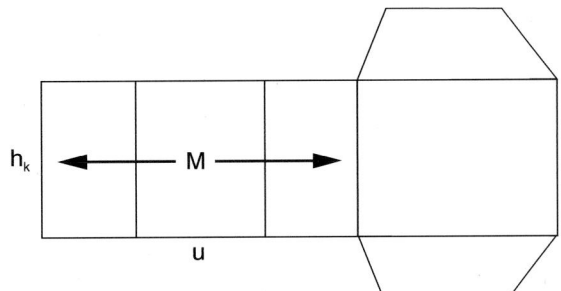

$$O_{Prisma} = 2 \cdot G + M \qquad V_{Prisma} = G \cdot h_k$$
$$\phantom{O_{Prisma}} = 2 \cdot G + U_G \cdot h_k$$

Die Seite u der Mantelfläche ist gleichzeitig die Länge des Umfangs U_G der Grundfläche.

Marco Bettner/Erik Dinges: Grundwissen Körperberechnungen – 6.–10. Klasse
© Persen Verlag

Zylinder

Ein gerader Zylinder wird von zwei zueinander **parallelen und deckungsgleichen Kreisflächen** (Grundflächen G) und einer rechteckigen Mantelfläche M begrenzt.

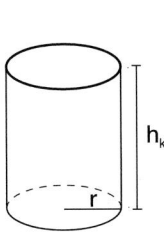
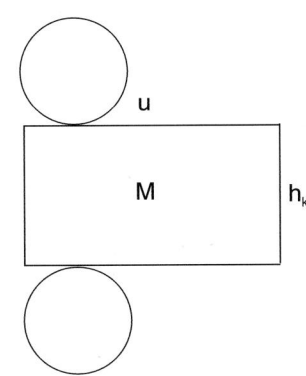

$$O_Z = 2 \cdot G + M$$
$$= 2 \cdot G + U_G \cdot h_k$$
$$= 2 \cdot \pi \cdot r^2 + 2 \cdot \pi \cdot r \cdot h_k$$

$$V_Z = G \cdot h_k$$
$$= \pi \cdot r^2 \cdot h_k$$

Die Seite u der Mantelfläche entspricht dem Umfang der Grundfläche U_G.

Pyramide

Die Grundfläche G der Pyramide ist ein Vieleck. Die Mantelfläche M besteht aus Dreiecken mit einer gemeinsamen Spitze. Bei der quadratischen Pyramide ist die Grundfläche G ein Quadrat.

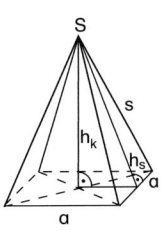
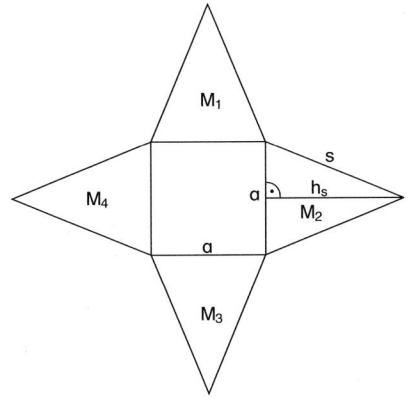

$$O_P = G + M \qquad \text{quadratische Pyramide: } O = a^2 + 2 \cdot a \cdot h_s$$

$$V_P = \frac{1}{3} G \cdot h_k \qquad \text{quadratische Pyramide: } V = \frac{1}{3} \cdot a^2 \cdot h_k$$

Kegel

Ein gerader Kegel wird von einer Kreisfläche (Grundfläche G) und einer gekrümmten Fläche begrenzt. Die gekrümmte Fläche ergibt bei einer Abwicklung in die Ebene einen Kreisausschnitt (Mantelfläche M). S ist die Spitze des Kegels.

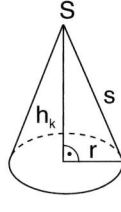 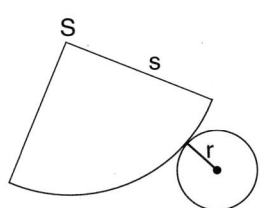

$$O_K = G + M$$
$$= \pi \cdot r^2 + \pi \cdot r \cdot s$$
$$= \pi \cdot r \cdot (r + s)$$

$$V_K = \frac{1}{3} \cdot G \cdot h_k$$
$$= \frac{1}{3} \cdot \pi \cdot r^2 \cdot h_k$$

Kugel

Eine Kugel ist eine gleichmäßig gekrümmte Fläche. Alle Punkte dieser Fläche haben von einem festen Punkt M im Raum den gleichen Abstand r.

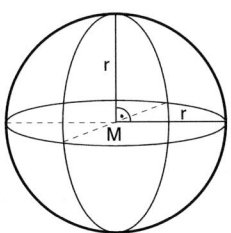

$$O_{Ku} = 4 \cdot \pi \cdot r^2$$
$$= \pi \cdot d^2$$

$$V_{Ku} = \frac{4}{3} \cdot \pi \cdot r^3$$
$$= \frac{1}{6} \cdot \pi \cdot d^3$$

2)

	Name	Anzahl der Ecken	Anzahl der Kanten	Anzahl der Flächen	Besonderheiten (z. B. der gegenüberliegenden Flächen)
	Würfel	8	12	6	z. B. alle Flächen sind gleich groß
	Quader	8	12	6	gegenüberliegende Flächen sind gleich groß
	Kugel	0	0	1	Rund (deswegen keine Ecken und Kanten)
	Zylinder	0	2	3	gegenüberliegende Kreisflächen gleich groß
	Kegel	1	1	2	Grundfläche ist ein Kreis
	Pyramide	5	8	5	Grundfläche ist ein Rechteck
	Prisma	verschieden	verschieden	verschieden	gegenüberliegende Grundfläche und Deckfläche ist gleich groß

1

Körperformen kennenlernen

1) 1. Würfel 2. Zylinder 3. Quader 4. Kugel 5. Kegel 6. Pyramide 7. Prisma mit dreieckiger Grundfläche
2) Beispiele: Pyramide: Parfumflasche ...; Kegel: Dach eines runden Turms ...; Prisma: Kristall ...; Würfel: Eiswürfel ...; Zylinder: Dose ...; Kugel: Basketball ...; Quader: Päckchen ...

2

Körperformen benennen

1)

Name des Körpers	Anzahl Lokomotive	Anzahl Walze
Würfel	1	3
Quader	3	8
Kugel	8	1
Zylinder	8	11
Pyramide	1	2
Kegel	0	3

2) Streichholzschachtel: Quader; Ball: Kugel; Zauberwürfel: Würfel; Marmeladenglas: Zylinder; Indianerzelt: Kegel.

3

Körperformen unterscheiden

1) Würfel 2) Pyramide 3) Kegel 4) Kugel 5) Würfel 6) Zylinder 7) Quader 8) Prisma
9) Würfel 10) Kugel 11) Quader 12) Prisma 13) Würfel 14) Zylinder 15) Zylinder
16) Pyramide

4

Eigenschaften von Körperformen (1)

1)

Ecke

Fläche

Kante

5

Eigenschaften von Körperformen (2)

Name des Körpers:	Würfel	Quader	Kugel	Kegel	Zylinder	Pyramide	Prisma
1. Alle Flächen sind quadratisch.	X						
2. Alle Flächen sind rechteckig.	X	X					
3. Mindestens eine Fläche ist rechteckig.	X	X					
4. Mindestens eine Fläche ist dreieckig.						X	X
5. Mindestens eine Fläche ist kreisförmig.				X	X		
6. Der Körper ist rund.			X				
7. Der Körper hat 8 Ecken.	X	X					
8. Der Körper hat 12 Kanten.	X	X					
9. Der Körper hat mindestens 6 Kanten.	X	X				X	X
10. Der Körper hat mindestens 8 Kanten.	X	X				X	X
11. Gegenüberliegende Seiten sind gleich groß.	X	X			X		
12. Mindestens 2 gegenüberliegende Seiten sind gleich groß.	X	X			X		X
13. Der Körper hat mindestens 4 rechte Winkel.	X	X					

6

Eigenschaften von Körperformen (3)

1) a) Pyramide b) Zylinder c) Würfel d) z.B. Indianerzelt, Schultüte, Eiswaffeltüte … e) Die Kugel rollt schneller als der Würfel herunter f) Würfel, Quader, Prisma g) Würfel, Quader, Zylinder h) Quader

10

Eigenschaften

1)

	Anzahl der Ecken	Anzahl der Kanten	Anzahl der Flächen	Anzahl der rechten Winkel zwischen den Kanten	Besonderheiten der Flächen
	8	12	6	24	z. B. 1) Alle Flächen sind Quadrate 2) Alle Flächen stehen senkrecht zueinander

2) Netze, aus denen ein Würfel gebaut werden kann: a, c, h

11

Oberfläche

1) $O_W = 6 \cdot a \cdot a = 6a^2$
2) 600 cm²
3) a) $O_W = 216$ cm² b) $O_W = 2\,166$ cm² c) $O_W = 13\,254$ cm² d) $O_W = 1\,278,96$ cm² e) $O_W = 165,375$ cm²
4) a) 324 m² b) 18 m
5) 215,91 €
6) a) 6 354 cm² b) 9 486 cm²
7) 2 dm

12

Volumen

1) a) 64 Würfel b) 8 Würfel
2) $V_W = a \cdot a \cdot a = a^3$
3) a) $V_W = 125$ cm³ b) $V_W = 6\,859$ cm³ c) $V_W = 1\,157\,625$ cm³ d) $V_W = 2\,628,072$ cm³ e) $V_W = 12\,977,875$ cm³
4) 4 Stück
5) 10 cm
6) a) a = 13 dm b) a = 26 dm
7) ja, Begründung: 37 cm · 37 cm · 37 cm = 50 653 cm³ = 50,653 dm³ > 50 Liter Fassungsvermögen des Gefäßes

13

Gemischte Übungen

1)

	a)	b)	c)	d)	e)
Kantenlänge a	9 cm	0,7 m	6 m	2,5 dm	11 dm
Oberfläche O_W	486 cm²	2,94 m²	216 m²	37,5 dm²	726 dm²
Volumen V_W	729 cm³	0,343 m³	216 m³	15,625 dm³	1 331 dm³

2) a) 4 374 cm² b) 5 832 c) 78 732 cm²

17 Volumen

1) $V_Q = a \cdot b \cdot c$
2) a) 600 cm³ b) 7 836,75 cm³ c) 201,60 m³ d) 2 834,1 cm³
3) a) 240 m³ b) 240 000 Liter
4) Der LKW muss 69-mal fahren.
5) c = 1,8 m
6) a) 2,4 m³ b) 1,6 m³
7) a) Ja, die Tankfüllung reicht für 1 Jahr, da das Fassungsvermögen 7 200 Liter beträgt.
   b) Eine Tankfüllung kostet 4 320 €.

18 Gemischte Übungen

2)

Quader	a)	b)	c)	d)	e)
Kantenlänge a	10 cm	47 cm	16 cm	13,2 m	14 dm
Kantenlänge b	4 cm	38 cm	8 cm	12,4 m	58 dm
Kantenlänge c	6 cm	15,9 cm	11 cm	10,6 m	66 dm
Oberfläche O_Q	248 cm²	6 275 cm²	784 cm²	870,08 m²	11 128 dm²
Volumen V_Q	240 cm³	28 397,4 cm³	1 408 cm³	1 735,008 m³	53 592 dm³

4) O_Q: 504 cm², V_Q: 648 cm³
5) a) 57,42 € b) 0,48 m³
6) a) 12 cm b) 3 750 Liter

19 Lernzielkontrolle

1) a) b)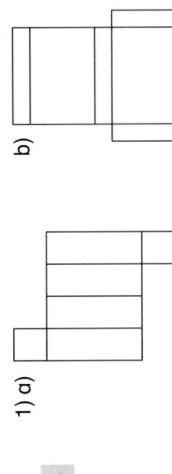

---

3)

Kantenlänge	verdoppelt	verdreifacht	vervierfacht
Oberfläche	4-mal so groß	9-mal so groß	16-mal so groß
Volumen	8-mal so groß	27-mal so groß	64-mal so groß

4) a) 4,86 m² b) 729 Liter c) 33 Stück
5) Die Oberfläche vervierfacht sich.

14 Lernzielkontrolle

1) a)
2) b)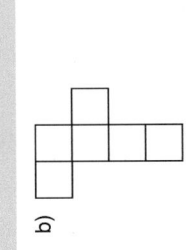

Würfel	a)	b)	c)	d)	e)
Kantenlänge a	8 cm	15,8 m	7 m	3,8 dm	14 m
Oberfläche O_W	384 cm²	1 497,84 m²	294 m²	86,64 dm²	1 176 m²
Volumen V_W	512 cm³	3944,312 m³	343 m³	54,872 dm³	2 744 m³

3) Der Stoff kostet 72,88 €.
4) Nein. Begründung: Zum Bau eines 5-mal so großen Würfels würde er 125 Würfel brauchen.
5) a = 2 dm.

15 Eigenschaften

1) a) 6 Flächen b) 12 Kanten c) 8 Ecken d) 24 Stück e) Die gegenüberliegenden Flächen sind gleich große Rechtecke. f) Ja. Begründung: Die aufgeführten Bedingungen sind auch beim Würfel erfüllt.
3) a) und f) sind Netze, aus denen ein Quader gebaut werden kann.

16 Oberfläche

1) b) $O_Q = 2 \cdot a \cdot b + 2 \cdot a \cdot c + 2 \cdot b \cdot c$
2) a) 340 cm² b) 13 192 dm² c) 4 942 000 mm² d) 158,888 dm² e) 9 530 mm² f) 2,41667 dm²
3) z. B. a = 3 cm, b = 5 cm, c = 2,75 cm
4) a) I)   II)
b) I) a = 16 cm, b = 10 cm, c = 6 cm II) a = 32 cm, b = 5 cm, c = 6 cm
c) I) 632 cm² II) 764 cm²
5) Die Oberfläche wird 9-mal so groß.
6) Der Quader ist 0,27 cm hoch.

23 Volumen (1)

1) a) Quader b) $V = a \cdot b \cdot h_k$ c) $V_{Prisma} = \frac{a \cdot b \cdot h_k}{2} = \frac{a \cdot b}{2} \cdot h_k$

2) Ja, sie stimmt. $\frac{a \cdot b}{2}$ ist die Formel für die Berechnung der dreieckigen Grundfläche.

3) a) $V = 322\ cm^3$ b) $V = 15\ 120\ dm^3$

4) a) $V = 192\ 000\ mm^3$ b) $V = 3\ 510\ dm^3$ c) $V = 4\ 477\ 000\ cm^3$

24 Volumen (2)

1) $V = 2\ 620\ cm^3$

2) $3\ 456\ cm^3$ bis $8\ 192\ cm^3$ ist annäherungsweise gut geschätzt.

3) a) $b = 120\ cm; h = 60\ cm$ b) $V = 480\ 000\ cm^3$ c) 336 kg

4) a) $V = 165\ cm^3$ b) $V = 27\ cm^3$ c) $138\ cm^3$ d) 16,36 %

5) 27 mm

25 Lernzielkontrolle

1)

Prisma	a)	b)	c)	d)
Größenangaben	Rechteck	Dreieck	Parallelogramm	Trapez (a | c)
a	6 cm	60 mm	23 dm	0,8 m
b	7 cm	90 mm	20 dm	0,6 m
c	10 cm	96 mm	- - -	0,6 m
d	- - -	- - -	- - -	0,7 m
h_c	- - -	54 mm	18 dm (h_a)	0,5 m
h_k	- - -	150 mm	50 dm	1,7 m
O_K	344 cm²	42 084 mm²	5 128 dm²	5,29 m²
V_K	420 cm³	388 800 mm³	20 700 dm³	0,6 m³

2) a) 68,82 m³ b) 43,2 m²

3) a) 10,35 m² b) 15,95 m²

4) 6,74 cm

26 Eigenschaften

1) 2 Kreise und 1 Rechteck

2)

Deckfläche, Radius, Mantel, Höhe, Grundfläche

20 Eigenschaften

1) Prismen: a), c), e), f)

2) rechteckige Grundfläche: c), f); trapezförmige Grundfläche: e)

3) a) 5 Flächen, b) 6 Flächen, c) 9 Kanten, d) 12 Kanten,
e) Ja. Begründung: Weil die Grundflächen 2 parallele gleich große Quadrate sind.

4) a)

21 Oberfläche (1)

1) a)

b) $O = 7\ 728,75\ cm^2$

2) a) $O = 193,84\ cm^2$ b) $O = 8\ 676\ cm^2$ c) $O = 7\ 476,08\ cm^2$

3) $O = 432\ cm^2$; mit 10 % Verschnitt: $475,2\ cm^2$

4) a) $O = 29,4\ cm^2$ b) $O = 89,9\ cm^2$ c) $O = 92,5\ cm^2$

22 Oberfläche (2)

1) a)

b) $O = 47\ 600\ mm^2$

2) a) $O = 336\ cm^2$ b) $O = 316,77\ dm^2$

3) a) $O = 142\ cm^2$ b) $O = 1\ 950\ mm^2$ c) $8\ 960\ cm^2$ d) $O = 76\ 800\ mm^2$

4) a) $O = 9\ 112\ cm^2$ b) $O = 22\ 480\ cm^2$

Lösungen

31

3) ... in stehender Form: z. B.: Plakatsäule, Dose, Büchse, Fass, Münze
... in liegender Form: z. B.: Rasenwalze, Straßenwalze, Trommel, Nudelholz, Reifen
4) b) Die Kreise sind nicht gleich groß.
   d) Die Figur ist nicht zu einem Zylinder faltbar.
5) a) 25,46 cm b) 117,81 Liter
6) 318,31 cm

32

Volumen (3)

1) a) $G_Z = \pi r^2$ b) $V_Z = \pi r^2 \cdot h$
2) a) 351,86 cm³ b) 95 058,31 cm³ c) 3 338 633,35 mm³ d) 0,188 dm³
   e) 89 207,56 dm³ f) 1,06 m³ g) 83 819,26 m³ h) 6 685 863,25 mm³
3) 0,40 m³ oder 400 Liter
4) $V_Z = \pi \cdot \frac{d}{2} \cdot h_K$
5) 16,54 Tonnen
6) a) 31777,21 cm³ b) 364,42 cm³

33

Gemischte Übungen

1) a) 0,80 m³ b) 8,55 m²
2) a) $O_Z = 659,73$ cm²; $V_Z = 1 231,50$ cm³. b) $O_Z = 4 900,88$ cm²; $V_Z = 24 489,11$ cm³
   c) $O_Z = 2 230,28$ cm²; $V_Z = 7 263,36$ cm³; d) $O_Z = 228 888,59$ mm²; $V_Z = 8 220 738,23$ mm³
   e) $O_Z = 663,25$ cm²; h = 8,08 cm; f) $O_Z = 352 928,87$ cm²; h = 0,0058 cm
3) 6,04 t

Lernzielkontrolle

1) 12 cm x 25,13 cm
2)

Zylinder	a)	b)	c)	d)	e)
Radius r	6 cm	13,7 cm	5 cm	10,8 dm	29 m
Höhe h	9 cm	24,5 cm	6,68 cm	27,35 dm	2 m
Oberfläche O_Z	565,49 cm²	3 288,24 cm²	366,94 cm²	2588,80 dm²	5 648,58 m²
Volumen V_Z	1017,88 cm³	14 446,32 cm³	525 cm³	10 023 dm³	5 284,16 m³

3) 1,814 m
4) Ja, das Gewicht der 3 Säulen beträgt 1,626 t.
5) 23,07 t

34

Eigenschaften

1) a) 5 Flächen b) 8 Kanten c) 5 Ecken d) 4 Seitenflächen e) gleichschenklige Dreiecke
2)

Höhe der Seitenflächen h_S
Körperhöhe h_K
Mantelfläche
Grundfläche

3) z. B.: Kerze, Dach, Parfumflasche, ...
4) a) und c)

27

Oberfläche (1)

1)

2) 1. 2 Kreise; 2. Rechteck
3) Teilflächen: 1. Fläche Kreis = π · r², 2. Fläche Rechteck = 2πr · h
   Formel: $O_Z = 2\pi r^2 + 2\pi r \cdot h = 2\pi r (r + h)$
4) a) 188,50 cm² b) 2 488,14 cm² c) 508,94 dm² d) 23 926,37 mm²
   e) 2 358,58 cm² f) 365,21 cm²
5) 7,26 m²
6) 7,23 m²

28

Oberfläche (2)

1)

Münze	1 Cent	2 Cent	5 Cent	10 Cent	20 Cent	50 Cent	1 Euro	2 Euro
Durchmesser (mm)	16,25	18,75	21,25	19,75	22,25	24,25	23,25	25,75
Dicke (mm)	1,67	1,67	1,67	1,93	2,14	2,38	2,33	2,20
Oberfläche (cm²)	5,00	6,51	8,21	7,32	9,27	11,05	10,19	12,20

2) a) h = 10 cm b) h = 17,45 cm c) r = 2 cm d) h = 106,68 cm
3) 1 092,88 m²
4) a) 12,82 m² b) 13,95 m²
5) Nein: z. B.: Sei r = 2 cm und h = 4 cm; dann ist O = 75,40 cm²
   3 · h: Sei r = 2 cm und h = 12 cm; dann ist O = 175,93 cm²

29

Volumen (1)

1) Formel: $V_Z = \pi r^2 \cdot h$
2) a) 402,12 cm³ b) 6 462,26 cm³ c) 623,76 dm³ d) 451 289,78 mm³ e) 9390,65 cm²
   f) 1 205,00 cm³
3) a) 35,37 cm b) 10,3 cm
4) a) 4241,15 Liter b) 2 000 Liter
5) 23,87 cm

30

Volumen (2)

1) 1) Aussage 1 und 4 treffen zu.
2) a) h = 5,86 cm b) h = 22,99 dm c) r = 243,94 mm d) r = 0,50 cm e) h = 0,70 m g) h = 4,00 cm
3) 3,01 cm
4) ≈ 3,04 cm

Marco Bettner/Erik Dinges: Grundwissen Körperberechnungen – 6.–10. Klasse
© Persen Verlag

35 Oberfläche (1)

1) a)

b) $O_P = a^2 + 2 \cdot a \cdot h_S$

2) a) 611 cm² b) 5 984 mm² c) 136,23 dm²

3) a) $h_K = 10,77$ cm b) $h_k = 32,65$ cm.

4) a) O = 39 cm² b) O = 296,96 cm² c) O = 9 808,90 cm²

5) O = 232,96 m²

36 Oberfläche (2)

1) a) $h_K = 27,91$ cm; $O_P = 1\,804$ cm² b) $h_S = 7$ dm c) a = 2,1 cm d) a = 102,9 m

2) a) O = 75,87 cm² b) O = 196,14 cm²

3) O = 62,4 cm²

4) a) M = 85 132,2 m²

5) 1 348,67 cm²

37 Volumen (1)

1) 3-mal

2) $V_P = \frac{1}{3} \cdot a^2 \cdot h_k$

3) a) V = 600 cm³ b) V = 76,89 m³ c) V = 863 272 mm³

4) a) V = 12 m³ b) V = 9 486,83 dm³ c) V = 224 m³

5) V = 96 m³

38 Volumen (2)

1) a) V = 2 556 833,33 m³ b) ca. 7,83 %

2) a) V = 150 cm³ b) $h_k = 25$ cm c) a = 27,26 dm d) $h_k = 0,7$ m

3) a) Das Volumen verdoppelt sich.
   b) Das Volumen vervierfacht sich.
   c) Das Volumen verneunfacht sich.

4) a) V = 26400 cm³ b) V = 2 564 022,71 mm³

5) V = 61,44 cm³

39 Lernzielkontrolle

1)

	a)	b)	c)	d)	e)
a	17 cm	30 dm	19,6 m	24 mm	105 cm
h_S	25 cm	42,72 dm	14 m	60,98 mm	112,74 cm
h_K	23,51 cm	40 dm	10 m	59,79 mm	99,77 cm
O_P	1 139 cm²	3463,2 dm²	932,96 m²	3 503 mm²	34 700,4 cm²
V_P	2 265 cm³	12 000 dm³	1 280,53 m³	11 479,68 mm³	366 666,67 cm³

2) a) V = 10 443 601,3 cm³; O = 284 675,14 cm²
   b) V = 1053 cm³ b) O = 635,76 cm²

3) a) 88,6 m² b) 16391 € c) 49,08 m²

4) V = 60 m³; O = 106,58 m²

40 Eigenschaften

1) Kegelnetze: a) und c)

2)

Mantellinie s
Mantelfläche
Körperhöhe h_k
Radius
Grundfläche

3) Beide Umfänge sind gleich, da der Mantelbogen genau auf die Grundfläche „gesetzt" wird.

4) z. B.: Spielfigur beim Brettspiel, Hütchen im Straßenverkehr, Pfeilspitze …

41 Oberfläche (1)

1) $O_K = \pi \cdot r \cdot s + \pi \cdot r^2$

2) a) O = 1 884,96 cm² b) O = 615,75 cm² c) O = 46 181,41 dm²

3) a) O = 175,93 cm² b) O = 459,4 cm² c) O = 41,22 cm²

4) a) 82,47 m² b) 12 953,89 €

42 Oberfläche (2)

1) 8,36 m²

2) a) s = 20,54 cm b) s = 26,14 mm c) s = 2,65 cm d) $O_K = 2\,224,25$ cm²

3) a) 150,7 cm² b) 1 256,63 cm²

4) a) 20 792 861,88 mm² b) 377 cm²

5) a) 402,12 cm² b) 603,18 cm² c) 16 cm

Marco Bettner/Erik Dinges: Grundwissen Körperberechnungen – 6.–10. Klasse
© Persen Verlag

47

Oberfläche (1)

1) richtige Formel: $O_{Ku} = 4\pi \cdot r^2$
2) a) $O = 452,39 \text{ cm}^2$ b) $O = 282\,743,34 \text{ mm}^2$ c) $O = 28,27 \text{ m}^2$ d) $O = 98,52 \text{ dm}^2$
3) a) $O = 7\,238,23 \text{ cm}^2$ b) $O = 2\,290,22 \text{ dm}^2$ c) $O = 452,39 \text{ m}^2$
4) $O = 1\,954,32 \text{ cm}^2$ 5) $O = 1\,039,08 \text{ cm}^2$ 6) $O = $ ca. $50,27 \text{ m}^2$

48

Oberfläche (2)

1) ca. $615,75 \text{ m}^2$
2) a) $O = 3\,631,68 \text{ cm}^2$ b) $r = 20 \text{ mm}$ c) $d = 239,94 \text{ cm}$ d) $d = 7,6 \text{ cm}$
3) a) 314 m^2 b) $125\,600 \text{ cm}^2$
4) $\pi \cdot d^2$
5) $804,25 \text{ cm}^2$
6) a) $36\,316\,811,08 \text{ km}^2$ b) $483\,051\,286,4 \text{ km}^2$ c) $45\,844\,130\,620 \text{ km}^2$
7) a) $O = 2,83 \text{ cm}^2$ b) $O = 4,41 \text{ cm}^2$

49

Volumen (1)

1) $V_{Ku} = \frac{4}{3}\pi r^3$
2) a) $V = 2\,144,66 \text{ cm}^3$ b) $V = 50\,965,01 \text{ dm}^3$ c) $V = 1\,436\,755,04 \text{ mm}^3$
d) $V = 38\,792\,386,09 \text{ cm}^3$ e) $V = 229,85 \text{ cm}^3$ f) $V = 96\,966,83 \text{ dm}^3$ g) $V = 164\,636,21 \text{ cm}^3$
3) $8,34 \text{ kg}$ 4) $2\,094,4 \text{ cm}^3$ 5) $5\,575,28 \text{ cm}^3$

50

Volumen (2)

1) a) $V = 1\,436,76 \text{ cm}^3$ b) $r = 10 \text{ cm}$ c) $d = 1 \text{ dm}$ d) $r = 109,98 \text{ mm}$
2) a) $33,5 \text{ cm}^3$ b) $4\,188\,790,21 \text{ cm}^3$
3) a) Das Volumen wird um das Achtfache größer. b) Das Volumen wird um das 27-fache größer.
4) a) 9 b) $27\,482,67 \text{ m}^3$
5) a) $V = 678,59 \text{ cm}^3$ b) $218,55 \text{ cm}^3$

51

Lernzielkontrolle

1)

Kugel	a)	b)	c)	d)	e)
Radius r	11 cm	20 dm	29 dm	0,5 m	0,98 cm
Durchmesser d	22 cm	40 dm	58 dm	1 m	1,96 cm
Oberfläche O_{Ku}	1 520,53 cm²	5 026,55 dm²	10 562,96 dm²	3,14 m²	12,07 cm²
Volumen V_{Ku}	5 575,28 cm³	33 510,32 dm³	102 160,4 dm³	0,52 m³	3,9 m³

2) $37,18 \text{ kg}$
3) a) Pluto: $O = 38\,484\,510,10 \text{ km}^2$ $V = 22\,449\,297\,503,78 \text{ km}^3$
   Erde: $O = 506\,707\,479,1 \text{ km}^2$ $V = 1\,072\,530\,830\,756,37 \text{ km}^3$
   Sonne: $O = 1\,539\,380\,400\,259 \text{ km}^2$ $V = 179\,594\,380\,030\,216\,000 \text{ km}^3$
   b) 48-mal c) 3 038-mal
4) a) $10,08 \text{ cm}$ b) 26 %
5) $2\,470,96 \text{ m}^2$
6) Nein, da die große Apfelsine ein größeres Volumen als die beiden kleinen Apfelsinen gemeinsam besitzt.

43

Volumen (1)

1) $\frac{1}{3}\pi \cdot r^2 \cdot h_K$
2) a) $V = 938,29 \text{ cm}^3$ b) $V = 83\,775,8 \text{ mm}^3$ c) $V = 25\,342,18 \text{ cm}^3$
3) $153,94 \text{ cm}^3$
4) $0,66 \text{ m}^3$
5) a) $V = 1\,340,41 \text{ cm}^3$ b) $V = 2\,780,69 \text{ cm}^3$ c) $V = 4\,497\,043,28 \text{ cm}^3$
6) $1\,595,91 \text{ g}$

44

Volumen (2)

1) a) $h_K = 89,95 \text{ cm}$ b) $h_K = 239,88 \text{ mm}$ c) $s = 72,8 \text{ dm}$ d) $O_K = 230,00 \text{ m}^2$
2) a) $183,2 \text{ cm}^3$ b) $2\,094,4 \text{ cm}^3$
3) a) Das Volumen verdoppelt sich.
   b) Das Volumen vervierfacht (verneunfacht) sich.
4) a) $V = 335,1 \text{ cm}^3$ b) $V = 418,88 \text{ cm}^3$

45

Lernzielkontrolle

1)

Kegel	a)	b)	c)	d)	e)
Radius r	7 cm	10 dm	150 mm	10 cm	2,60 m
Durchmesser d	14 cm	20 dm	300 mm	20 cm	5,20 m
Mantellinie s	13 cm	20,59 dm	260 mm	17,18 cm	15,22 m
Körperhöhe h_K	10,95 cm	18 dm	212,37 mm	13,97 cm	15 m
Oberfläche O_K	439,82 cm²	9 610,1 dm²	193 207,95 mm²	853,98 cm²	145,56 m²
Volumen V_K	561,87 cm³	1 884,96 dm³	5003850,24 mm³	1 462,93 cm³	106,19 m³

2) $6\,228,87 \text{ cm}^2$
3) a) $O = 521,46 \text{ cm}^2$ b) $V = 261,8 \text{ cm}^3$
4) $13,24 \text{ kg}$
5) a) $O = 94,25 \text{ cm}^2$; $V = 59,56 \text{ cm}^3$ b) $O = 1\,140,40 \text{ cm}^2$; $V = 2\,413,84 \text{ cm}^3$

46

Eigenschaften

1) Der Drehkörper b) ist eine Kugel.
2) z. B.: Fußball, Billardkugel, Lampe, Globus, Murmel
3) Eine Kugel ist der Ort aller Punkte im Raum, die zu einem festen Punkt M (Mittelpunkt) den gleichen Abstand r (Radius) besitzen.
4) *Mittelpunkt* *Radius* *Durchmesser*